GLOSSARIUM ARTIS 6

GEWÖLBE UND KUPPELN

VOUTES ET COUPOLES

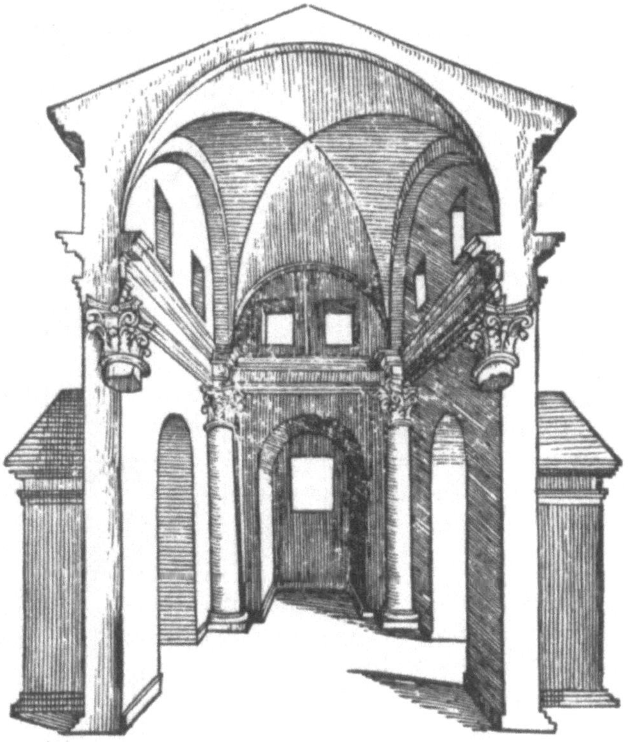

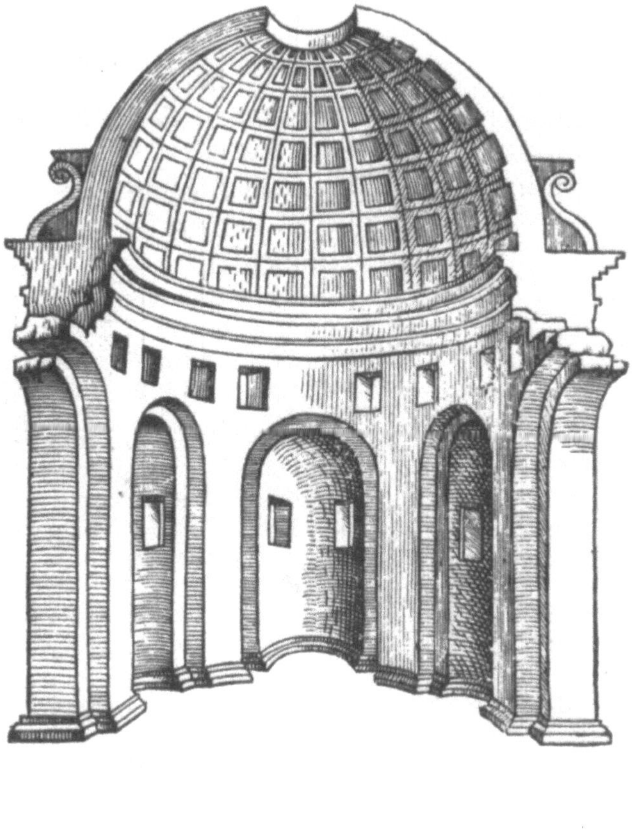

K·G·Saur München · New York · London · Paris

GLOSSARIUM ARTIS

1 Burgen und Feste Plätze. Der Wehrbau vor Einführung der Feuerwaffen. Anhang: Kriegsgeräte und schwere Waffen / Châteaux-forts et places fortes. L'architecture militaire avant l'introduction des armes à feu. Supplément: Attirails de guerre et armes lourdes. 280 S., 173 Abb. 2. Aufl. 1977. ISBN 3-598-10452-9

2 Liturgische Geräte, Kreuze und Reliquiare der christlichen Kirchen / Objets liturgiques, croix et reliquaires des églises chrétiennes. 159 S., 108 Abb. 2. Aufl. 1982. ISBN 3-598-10453-7

3 Bogen und Arkaden / Arcs et arcades. 166 S., 164 Abb. 2. Aufl. 1982. ISBN 3-598-10454-5

4 Paramente und Bücher der christlichen Kirchen. Anhang: Kirchenfeste, katholische und griechisch-orthodoxe Geistlichkeit /Parements et livres des églises chrétiennes. Supplément: Fêtes de l'église, clergé catholique et grec-orthodoxe. 202 S., 73 Abb. 2. Aufl. 1982. ISBN 3-598-10455-3

5 Treppen und Rampen / Escaliers et rampes. 1973 vergriffen. Neuauflage in Vorbereitung

6 Gewölbe und Kuppeln / Voûtes et coupoles. 249 S., 199 Abb. 2. Aufl. 1982. ISBN 3-598-10457-X

7 Festungen. Der Wehrbau nach Einführung der Feuerwaffen. Anhang: Begriffe zur Poliorketik / Forteresses. L'architecture militaire après l'introduction des armes à feu. Supplément: Termes de la poliorcétique / Fortresses. Military architecture after the introduction of firearms. Supplement: Terms of siegecraft. 298 S., 190 Abb. 1979. ISBN 3-598-10458-8

8 Das Baudenkmal. Zu Denkmalschutz und Denkmalpflege / Le monument historique. Termes concernant la protection et la conservation des monuments historiques / The historic monument. Terminology connected with the protection and the preservation of historic monuments. 326 S., 135 Abb.1981. ISBN 3-598-10459-6

9 Stadtbaukunst / Urbanisme / Town planning. In Vorbereitung. ISBN 3-598-10461-8

10 Holzbaukunst / Architecture en bois / Architecture of wood. In Vorbereitung. ISBN 3-598-10460-X

saur

GLOSSARIUM ARTIS

Sous le Patronage du Comité International d'Histoire de l'Art

Band 6
Mit Beiträgen von W. v. Bornheim gen. Schilling/Mainz, J. Courvoisier/Neuchâtel, E. Frodl-Kraft/Wien, T. Gebhard/München, R. Gemtos/Tübingen, L. Grodecki/Paris, H. R. Hahnloser/Bern, F. Hart/München, A. Machatschek/Wien, W. Meyer/München, P. Moisy /Poitiers, W. Müller/Ludwigshafen, R. Recht/Strasbourg, H. Reuther/Berlin, und den Mitgliedern der Wissenschaftlichen Kommission

Gefördert von der Robert Bosch Stiftung GmbH, vom Bundesminister für Forschung und Technologie und vom Koordinator für deutsch-französische Zusammenarbeit

COMITÉ INTERNATIONAL D'HISTOIRE DE L'ART

GEWÖLBE UND KUPPELN

VOUTES ET COUPOLES

Systematisches Fachwörterbuch

Dictionnaire spécialisé et
systematique

139 Abbildungen

139 Illustrations

K·G·Saur München·New York·London·Paris 1982

Umschlagbild

Kreuzgratgewölbe und Kassettenkuppel
aus dem dritten Buch der Architettura,
edificii antichi di Roma
ed Italia von Sebastiano Serlio,
in der Basler Ausgabe von 1608

CIP-Kurztitelaufnahme der Deutschen Bibliothek

Glossarium artis : Wörterbuch zur Kunst ; dt.-franz. / bearb. von Rudolf E. Huber u. Renate Rieth. – München ; New York ; London ; Paris : Saur
Teilw. mit d. Zusatz zum Hauptsacht.: dt.-franz.-engl. – Teilw. im Verl. Niemeyer, Tübingen
1. Aufl. d. Fasz. 1 u.d.T.: Glossaria artis

NE: Huber, Rudolf [Bearb.]

Bd. 6. Gewölbe und Kuppeln : mit dt. u. franz. Index / [mit Beitr. von W. v. Bornheim gen. Schilling . . .]. – 2. Aufl. (Nachdr. d. 1. Aufl. Tübingen, Strassburg 1975). 1982.
ISBN 3-598-10457-X

NE: Bornheim-Schilling, Werner [Mitverf.]

Zweite Auflage (Nachdruck der ersten Auflage Tübingen, Strasbourg 1975).
1982 K. G. Saur Verlag KG, Pössenbacherstr. 2b, D-8000 München 71
Druck/Binden: Hain-Druck GmbH, Meisenheim/Glan
Printed in the Federal Republic of Germany

ISBN 3-598-10457-X

Inhaltsverzeichnis	Table des matières	
GEWÖLBE UND KUPPELN	VOUTES ET COUPOLES	15
1. Gewölbeformen	Formes des voûtes	16
2. Ziergewölbe	Voûtes décoratives	47
3. Gewölbearten	Types des voûtes	53
4. Kuppelformen	Formes des coupoles	67
5. Kuppelarten	Types des coupoles	81
6. Teilgewölbe	Voûtes partielles	89
7. Teile und Merkmale der Gewölbe und Kuppeln	Eléments et caractéristiques des voûtes et des coupoles	105
8. Rippen	Nervures	151
a) Rippenprofile	Profils des nervures	151
b) Rippenformen und -bilder	Formes et figures décoratives des nervures	157
c) Rippenarten	Types des nervures	169
d) Teile und Merkmale der Rippen	Eléments et caractéristiques des nervures	174
Literaturverzeichnis	Bibliographie	179
Deutscher Index	Index des termes allemands	195
Französischer Index	Index des termes français	225

Définition des buts du Glossarium Artis

Le Glossarium Artis est un dictionnaire technique bilingue au sens de la norme DIN 2333 qui paraît en volumes séparés consacrés à un thème unique. Il vise à couvrir largement le vocabulaire vivant de l'art et de l'archéologie et à y inclure dans des proportions convenables des expressions de la langue spécialisée des architectes, des artistes et des artisans. Pour saisir et définir les éléments de ce vocabulaire on a utilisé la totalité de la bibliographie technique allemande et française concernant l'emploi et l'explication des termes. On a été attentif à l'utilisation de termes apparentés dans d'autres langues vivantes, particulièrement l'anglais, l'italien et l'espagnol comme dans les langues anciennes. Le vocabulaire total est classé en chapitres et familles de termes dans un ordre systématique et alphabétique. La définition des termes, qui est donnée en allemand, a été également vérifiée par référence à la bibliographie technique française. Les synonymes ont été nommés, les homonymes différenciés et répartis selon leur signification dans les volumes correspondants. Un système de renvois permet de former de grands ensembles logiques. Des dessins à caractère pédagogique contribuent à donner une explication visuelle des termes.

Ainsi chaque volume du Glossarium Artis peut rendre dans le domaine lexical plusieurs services: c'est un dictionnaire à définitions, un dictionnaire spécialisé classé en ordre systématique, un lexique de synonymes, un dictionnaire illustré et un dictionnaire allemand-français.

Zur Aufgabenstellung des Glossarium Artis

Das Glossarium Artis ist ein zweisprachiges Definitionswörterbuch nach DIN 2333, das in einzelnen, thematisch geschlossenen Bänden erscheint. Es erstrebt eine weitgehende Erfassung des lebenden Sprachgutes der Kunst und Archäologie, wobei auch Ausdrücke aus der Fachsprache der Architekten, Künstler und Handwerker in dem jeweils angemessenen Umfange berücksichtigt werden. Zur Erschließung und Definition dieser Nomenklatur wird die gesamte, für Anwendung und Erläuterung der Begriffe ergiebige Fachliteratur in deutscher und französischer Sprache ausgewertet. Die Verwendung nahestehender Begriffe auch in anderen lebenden Sprachen, besonders dem Englischen, Italienischen und Spanischen sowie in den toten Sprachen wird bei der Bearbeitung beachtet. Der Wortschatz wird systematisch und alphabetisch in Kapitel und Sachgruppen geordnet. Die Definition der Termini erfolgt in deutscher Sprache und ist mit entsprechenden Definitionen aus der französischen Fachliteratur abgestimmt. Synonyme Begriffe werden genannt, homonyme Begriffe inhaltlich differenziert und dem entsprechenden Band zugeordnet. Ein System von Verweisen dient der Herstellung größerer sachlicher Zusammenhänge. Didaktische Zeichnungen erläutern zahlreiche Begriffe.

Jeder Band des Glossarium Artis leistet somit mehrere lexikalische Dienste: er ist ein Definitionswörterbuch, ein systematisch geordnetes Fachwörterbuch, ein Synonymenlexikon, ein Bildwörterbuch und nicht zuletzt ein deutsch-französisches Wörterbuch.

Comment utiliser les volumes du Glossarium Artis

La terminologie comprise dans chaque volume est classée en chapitres et familles de termes dans un ordre systématique et alphabétique. La famille de termes présente tous les termes qui y sont regroupés alignés en retrait par rapport à la marge. Le titre courant en haut de chaque page indique le chapitre ou la famille de termes. Tous les termes se retrouvent dans l'index. Dans le cas des synonymes, le texte retient comme mot tête d'article celui qui est le plus utilisé. L'énumération des synonymes répond à leur emploi dans la littérature spécialisée. Les indications "auch" et "veraltet" placées devant un mot visent également les mots qui suivent. Lorsqu'il existe une traduction française exacte du terme allemand, on n'ajoutera un équivalent français que dans le cas où il apparaît couramment dans la littérature spécialisée. Lorsqu'il y à désaccord au sujet d'un même terme, il en est fait mention. Oeuvres et auteurs ne sont mentionnés dans la définition que lorsqu'il s'agit d'exemples ou d'expressions très rares. La légende des illustrations renvoie toujours au mot défini le plus proche. D'autres termes illustrés en même temps par le dessin ne sont mentionnés qu'à la suite de la définition du môt tête d'article.

Le choix des termes ne se fait pas seulement en fonction du sujet d'un volume mais aussi en fonction du programme général du lexique. En général les termes ne sont définis que dans un seul volume, même s'ils relèvent également de différents regroupements thématiques. Tous les termes seront regroupés dans un index général lors de l'achèvement de la publication de la série.

Hinweis auf die Benutzung des Glossarium Artis

Das Wortfeld jedes Bandes ist in Kapitel und Sachgruppen systematisch und alphabetisch geordnet. Die Sachgruppe ist durch die Einrückung der ihr zugeordneten Termini kenntlich gemacht. Der Kolumnentitel nennt das Kapitel bzw. die Sachgruppe. Jeder Terminus ist über den Index zu finden. Bei Synonymen ist im Text nur die gebräuchlichste Benennung alphabetisch eingeordnet. Die weitere Abfolge der Synonyme entspricht ihrer Verwendung in der Literatur. Die Einschränkungen "auch" und "veraltet" vor einem Terminus gelten gleichfalls für die folgenden Bezeichnungen. Gibt es einen dem deutschen entsprechenden französischen Terminus, so wird eine definitorische Übersetzung nur dann zusätzlich erwähnt, wenn sie in der Fachliteratur wiederholt vorkommt. Auf die widersprüchliche Verwendung eines Begriffes bei verschiedenen Autoren wird gegebenenfalls hingewiesen. Monumente und Autoren werden in der Definition nur erwähnt, wenn es sich um seltene Beispiele oder wenig gebräuchliche Ausdrücke handelt. Die Bildlegende nennt nur das im Text benachbarte Stichwort. Andere, durch das Bild ebenfalls dargestellte Begriffe werden gegebenenfalls im Anschluß an die Definition genannt.

Die Auswahl der behandelten Termini richtet sich nicht ausschließlich nach dem Thema des einzelnen Bandes, sondern wird auch durch den Gesamtplan des Wörterbuches bestimmt. In der Regel werden die Begriffe - auch wenn sie mehreren Themenkreisen angehören - nur in einem Band definiert. Nach Abschluß der Publikationsreihe werden alle Termini durch einen Gesamtindex nachschlagbar gemacht.

Signes et abreviations

~	La tilde remplace un seul mot (le mot tête d'article).
→	La flèche n'est pas placée devant chaque terme présenté, elle ne paraît que lorsqu'il s'agit d'un terme donnant des renseignements complémentaires pour la définition ou l'ordre systématique du mot tête d'article et de ses synonymes.
=	Le signe d'égalité indique le terme qui figure comme mot tête d'article dans le texte.
» «	Les guillemets indiquent qu'il n'existe pas de mot français correspondant exactement à l'allemand; au lieu d'une traduction on donne alors un équivalent.
( )	Les mots placés entre parenthèse peuvent figurer dans la traduction mais ils ne sont pas indispensables.
*	L'astérisque renvoie à une illustration.
sic Abb...	indique que le mot tête d'article est illustré par le dessin bien que la légende de celui-ci renvoie à un autre terme.
GlA	Glossarium Artis.

Zeichen und Abkürzungen

~	Die Tilde ersetzt jeweils nur e i n Wort (Stichwort).
→	Der Hinweispfeil steht nicht vor jedem aufgenommenen Begriff sondern nur dann, wenn zusätzliche Informationen zur Definition oder zur Systematik des Stichwortes und seiner Synonyme gegeben werden.
=	Das Gleichheitszeichen verweist auf die im Text als Stichwort eingesetzte Benennung.
» «	Die Anführungszeichen schließen eine definitorische Übersetzung ein; es fehlt ein dem deutschen entsprechender französischer Terminus.
( )	Die einer Übersetzung in Klammern beigefügten Worte k ö n n e n, müssen aber nicht verwendet werden.
*	Der Asteriskus weist auf eine Abbildung hin.
oio Abb...	Hinwoio auf eine Abbildung, die das Stichwort veranschaulicht, obgleich ihre Bildlegende sich auf einen anderen Terminus bezieht.
GlA	Glossarium Artis.

Avertissement

Les termes techniques relatifs aux voûtements peuvent être classés suivant des points de vue assez différents. C'est ainsi, par exemple, que P. Portoghesi (Dizionario enciclopedico di architettura e urbanistica) et déjà avant lui C.B. Coumbe (Encyclopedia Americana) ont distingué voûtes simples et voûtes en cerce qui sont à leur tour réparties en voûtes à douelle lisse et voûtes à douelle nervurée. Par contre, A.K. Laing (Colliers Encyclopedia) distingue voûtes en berceau, voûtes à pénétrations et coupoles. Dans l'Enciclopedia italiana di scienza, lettere ed arti la classification est établie selon la douelle des voûtes: cylindrique ou conique, sphérique ou en limaçon. A. Chastel (Histoire générale des Eglise de France) indique quatre formes fondamentales: voûtes en berceau, en arc-de-cloître, d'arêtes, sphériques. - Par suite de la multiplicité de systèmes possibles de classification des voûtes, nous tenons à bien marquer que la solution que nous avons adoptée n'est qu'une possibilité parmi d'autres également valables. Il en va de même pour la répartition d'un terme entre les différents chapitres. Certainement on peut souvent être d'opinion différente sur ce point.

Comme plusieurs termes techniques - particulièrement pour le chapitre "Parties et caractéristiques" - figurent déjà dans le volume 3 "Arcs et Arcades", il est recommandé de se reporter également à ce volume.

Vorbemerkung

Die Terminologie der Gewölbe kann auf sehr unterschiedliche Weise geordnet werden. So bilden beispielsweise P. Portoghesi (Dizionario enciclopedico di architettura e urbanistica) und bereits vor ihm C.B. Coumbe (Encyclopedia Americana) nur die beiden Gruppen: einfache Gewölbe und Kompositgewölbe aus, wobei die glatten oder gerippten Gewölbeflächen ein weiteres Unterscheidungsmerkmal darstellen. A.K. Laing (Colliers Encyclopedia) hingegen gliedert nach: Tonnengewölben, Durchdringungsgewölben und Kuppeln. In der Enciclopedia italiana di scienza, lettere ed arti findet man die Abteilungen: Gewölbe mit zylindrischer bzw. konischer, mit sphärischer und mit spiralförmiger Gewölbefläche. A. Chastel (Histoire générale des Eglises de France) schließlich nennt vier Grundformen, nämlich: Tonne, Klostergewölbe, Kreuzgewölbe und sphärisches Gewölbe. - Angesichts dieser vielfältigen Möglichkeiten für eine systematische Ordnung der Gewölbe ist es evident, daß die im vorliegenden Band gewählte Gliederung nur eine unter mehreren anderen, gleichwertigen ist. Ähnliches gilt auch für die Zuweisung des einzelnen Terminus zu einem bestimmten Kapitel, denn auch dabei kann man gewiß des öfteren verschiedener Meinung sein.

Da eine Anzahl von Begriffen, besonders aus dem Kapitel Teile und Merkmale, bereits im Band 3 des Glossarium Artis "Bogen und Arkaden" behandelt worden ist, empfiehlt es sich, erforderlichenfalls auch diese Nomenklatur zu beachten.

Abb.1
Gewölbe
voûte

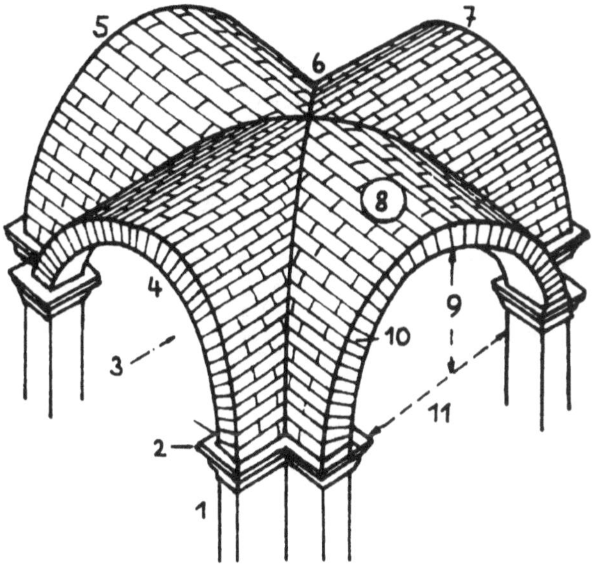

1	Widerlager	contrefort
2	Kämpfer	imposte
3	Gewölbeachse	axe de voûte
4	Gewölbelinie	tracé de voûte
5	Gewölbekappe auf Kuff	voûtain assisé
	Kreuzkappe	quartier
6	Kehle	arête rentrante
7	Gewölbefirst	faîte d'extrados
8	Rücken	extrados
9	Stichhöhe	flèche
10	Randbogen	arc d'encadrement
11	Gewölbesprengweite	portée de voûte

GEWÖLBE UND KUPPELN

VOUTES ET COUPOLES

Gewölbe*n, auch Wölbung f, präzisierend: echtes ~, Keilsteingewölbe n: einen Raum überdeckender, gekrümmter Mauerkörper, der, sich selbst tragend, mit Wölbsteinen zwischen Widerlagern gespannt ist. Als Gewölbe werden neben den echten auch die falschen Gewölbe vom Kraggewölbe bis zur Schalenkuppel bezeichnet. Im Normalfall hat das Gewölbe parallel verlaufende Widerlager sowie eine horizontale Achse und Scheitellinie; zu unterscheiden sind gewölbte Decken (ohne Wölbsteine) und Dächer; → zylindrisches Gewölbe, → sphärisches Gewölbe. - Abb.1 (hier als Kreuzgratgewölbe, ici une voûte d'arêtes)

voûte f, präzisierend: vraie ~; mehrere, einen Raum überdeckende Gewölbe

voûtement m

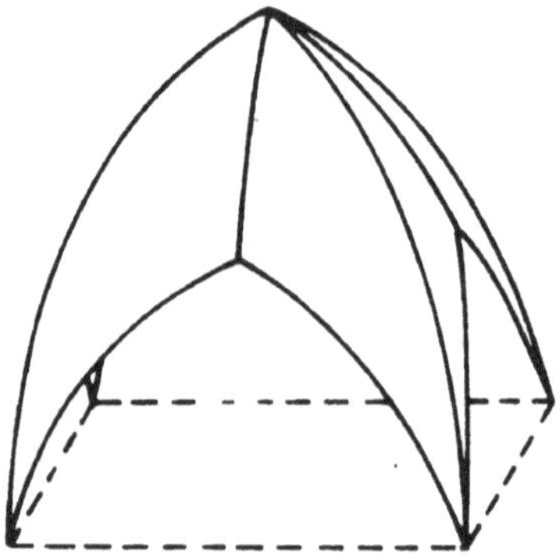

Abb.2
Domikalgewölbe
voûte dômicale

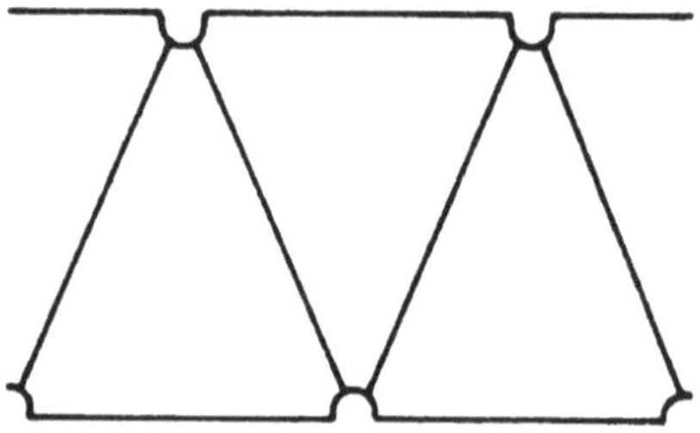

Abb.3
Dreiecksgewölbe
voûte à un quartier

1. GEWÖLBEFORMEN
FORMES DES VOUTES

Domikalgewölbe*n, Domikal n: hochscheiteliges, meist über quadratischer Grundfläche gespanntes Kreuzgewölbe von kuppelartiger Wirkung; oft achtkehlig bzw. mit Diagonal-, Transversal- und Scheitelrippen; eine Verbindung von Aquitanischer Kuppel und normannischem Gewölbe. Die sogenannte vierkehlige Spitzkuppel (Dom zu Münster, verschiedene Varianten in Westfalen) kann als Sonderform des Domikalgewölbes angesehen werden, dessen einzelne Formen jeweils eigens zu beschreiben sind[1]. - Abb.2
voûte dômicale f, auch ~ bombée; in den Formen des Anjou ~ angevine

[1] Einige in der Fachliteratur eingeführte bzw. diskutierte Begriffe wurden daher in unserer Nomenklatur nicht aufgenommen, z.B. kuppelförmiges Kreuzgewölbe (Dehio), kreuzgewölbtes Domikal (Kömstedt), Kreuzklostergewölbe (Frankl), Melonengewölbe (Haslinghuis), Zwickeldomikal (Kömstedt), Domikal mit vertieften Kreuzlinien (Geisberg), gratiges Domikalgewölbe (Kömstedt), kuppliges Kreuzgewölbe (Glück), Rippenklostergewölbe (Frankl).

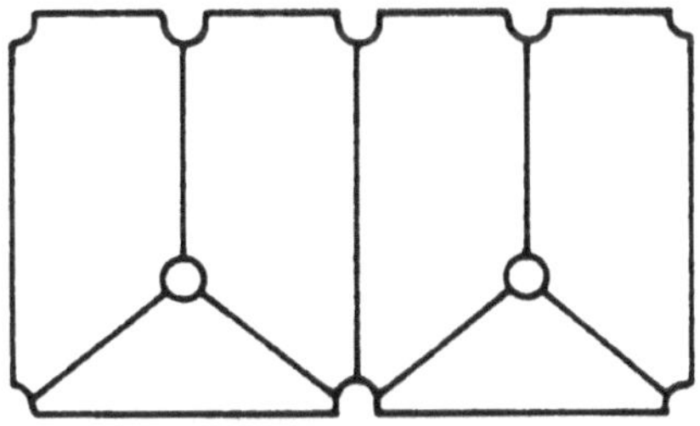

Abb.4
Dreistrahlgewölbe
voûte à liernes et tiercerons

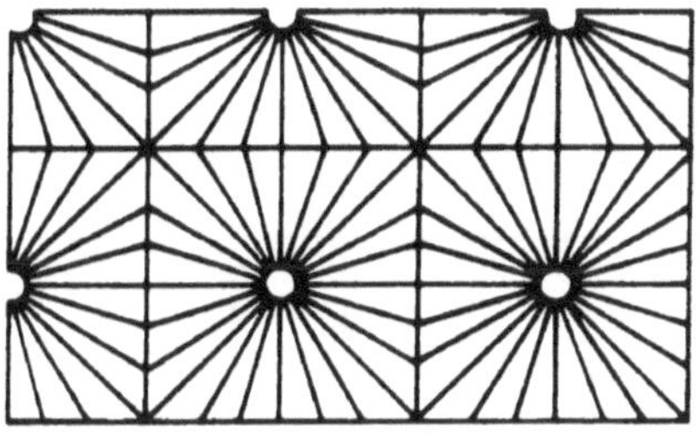

Abb.5
Fächergewölbe
voûte en éventails

Dreiecksgewölbe*n: Gewölbe, das aus einer oder mehreren aneinandergereihten Gewölbekappen besteht, deren Basis und Spitze wechselnd auf den beiden Widerlagsmauern bzw. den Kämpfern ruhen; häufig bei Chorumgängen verwendet; zu unterscheiden vom Dreiecksgewölbe = Kegelgewölbe. - Abb.3
voûte à un quartier f

Dreistrahlgewölbe*n, Rippendreistrahlgewölbe n: Gewölbe, in dem der → Dreistrahl verwendet wird; - von einigen Autoren auch als Bezeichnung für das dreikappige Rippengewölbe gebraucht; → Sterngewölbe, → Flechtrippengewölbe, → Springgewölbe. - Abb.4
voûte à liernes et (à) tiercerons f

Fächergewölbe*n, Palmengewölbe n, Strahlengewölbe n, auch Baldachingewölbe n, Palmettengewölbe n, stehendes Trichtergewölbe n: aus → Fächern und → Halbfächern gebildetes Gewölbe; → hängendes Trichtergewölbe = Hängegewölbe, → umgekehrtes Trichtergewölbe = Kegelgewölbe. - Abb.5
voûte en éventails f, auch ~ en calice

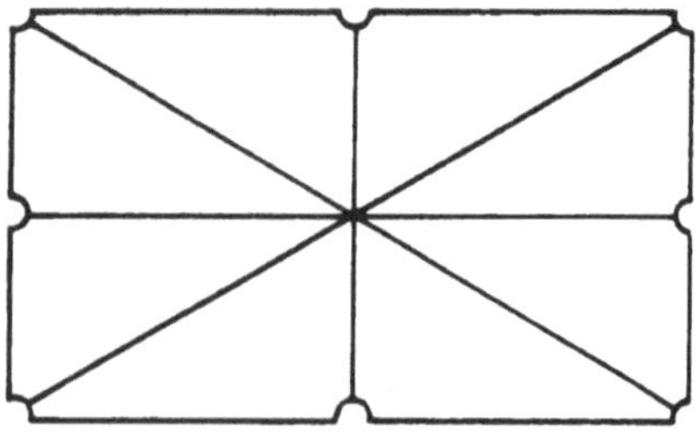

Abb.6
achtkappiges Gewölbe
voûte octopartite

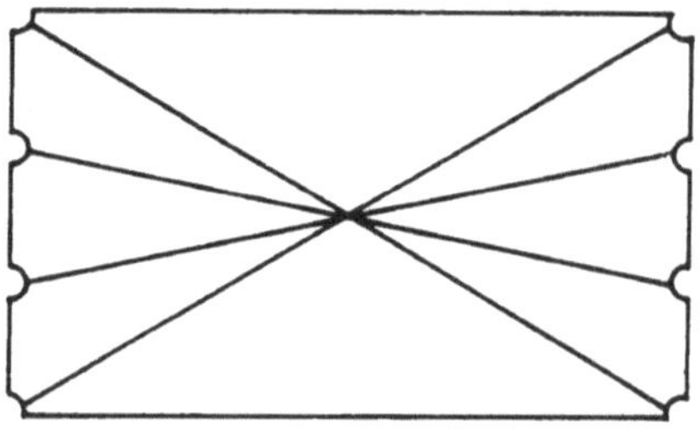

Abb.7
achtkappiges
unregelmäßiges Gewölbe
voûte octopartite irrégulière

Gewölbe*, achtkappiges n, achtteiliges ~: im allgemeinen auf rechteckigem Grundriß errichtetes Kreuzgewölbe mit acht, meist regelmäßigen Gewölbekappen. - Abb.6
voûte octopartite f, ~ à huit quartiers

Gewölbe, achtkappiges radiales n
voûte à huit quartiers rayonnants f

Gewölbe*, achtkappiges unregelmäßiges n - Abb.7
voûte octopartite irrégulière f, auch »~ octopartite à grands et à petits quartiers alternés«

Gewölbe, dreikappiges n
voûte à trois quartiers f

Gratgewölbe, dreikappiges n
voûte à arêtes à trois quartiers f

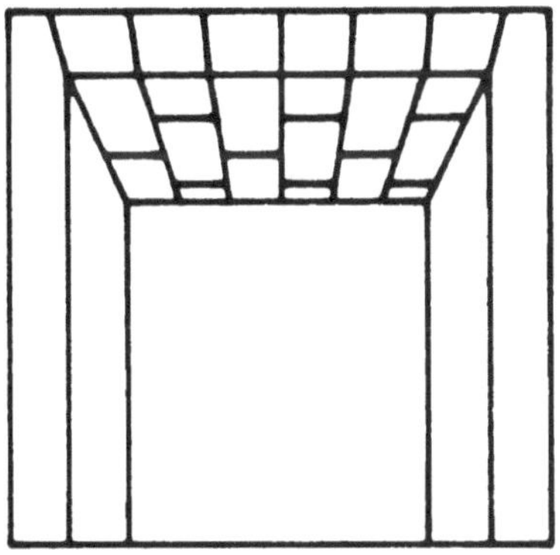

Abb.8
flaches Gewölbe
voûte plate

noch dreikappiges Gewölbe

Rippengewölbe, dreikappiges n: Rippengewölbe mit drei Gewölbekappen, von einigen Autoren auch als → Dreistrahlgewölbe bezeichnet.
voûte nervurée à trois quartiers f

Gewölbe, elliptisches n, auch Ellipsengewölbe n: Gewölbe über elliptischer Grundfläche; - bei einigen Autoren ist die Gewölbelinie gemeint; vgl. hierzu das Kesselgewölbe; → elliptische Kuppel.
voûte (de plan) elliptique f

Gewölbe*, flaches n, auch scheitrechtes ~: eine ebene, von Keilsteinen getragene Decke; → scheitrechter Bogen (GlA 3), → flacher Gewölbeverband. - Abb.8
voûte plate f, plafond appareillé m, plafond clavé m; als Steinplattendecke ~ plate dallée

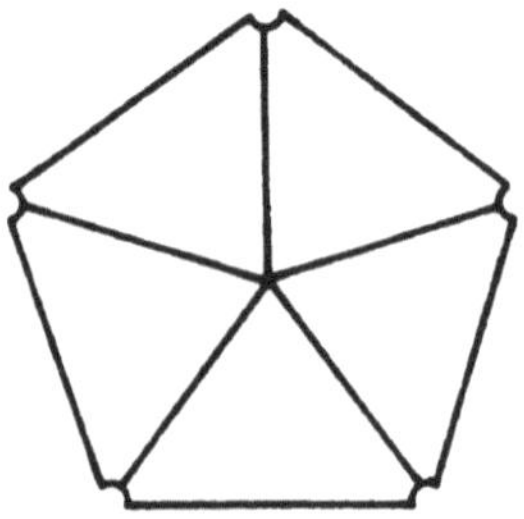

Abb.9
radiales fünfkappiges Gewölbe
voûte à cinq quartiers rayonnants

Gewölbe*, fünfkappiges n - Abb.9
voûte à cinq quartiers f

Gewölbe*, gebustes n: Gewölbe mit sphärisch überhöhten Gewölbekappen; → gebustes Kreuzgewölbe, → Busung, → Stich. - Abb.10
voûte bombée f, ~ à quartiers bombés, auch ~ surhaussée, ~ à quartiers surhaussés

Gewölbe, gedrücktes n: Gewölbe, dessen Gewölbelinie flacher verläuft als diejenige der Grundform; - bei einigen Autoren Gewölbe, dessen Stichhöhe kürzer als die halbe Gewölbesprengweite ist; → überhöhtes Gewölbe.
voûte surbaissée f, ~ déprimée

Gewölbe, gekapptes n: Gewölbe mit abgeflachtem Gewölbehaupt.
voûte tronquée f

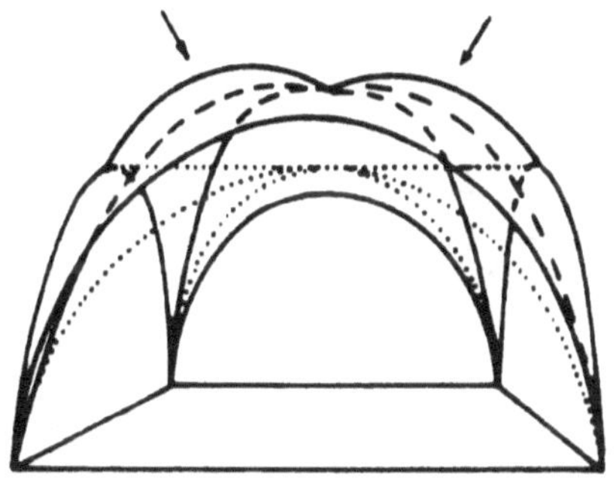

Abb.10
gebustes Gewölbe
voûte bombée

Gewölbe*, geschlossenes n: Gewölbe, dessen Leibung allseitig und ohne Unterbrechung bis auf die Widerlagsmauern herabreicht; das zu erwartende Bogenfeld ist durch Stirn- und Schildmauern geschlossen; z.B. das Klostergewölbe; → offenes Gewölbe, → halboffenes Gewölbe. - sic Abb.24
voûte (à retombées) sans baies f, ~ en tunnel

Gewölbe, gestelztes n, auch gefußtes ~, überhobenes ~, veraltet gebürstetes ~: Gewölbe mit kurzer Weiterführung der Vertikalen zwischen Kämpfergesims und Beginn der Gewölbekrümmung; zu unterscheiden vom überhöhten Gewölbe und dem Gewölbe mit Stich.
voûte surélevée f

Gewölbe*, halboffenes n: Gewölbe, das teils offene, teils geschlossene Bogenfelder besitzt, wie z.B. eine Tonne, die auf zwei geschlossenen Widerlagsmauern ruht und offene Stirnbogen hat; → geschlossenes Gewölbe, → offenes Gewölbe. - sic Abb.46
voûte à baies axiales f

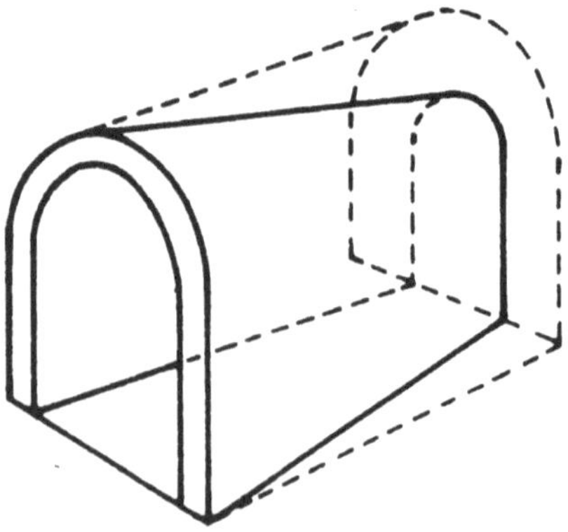

Abb.11
konisches Gewölbe
voûte en canonnière

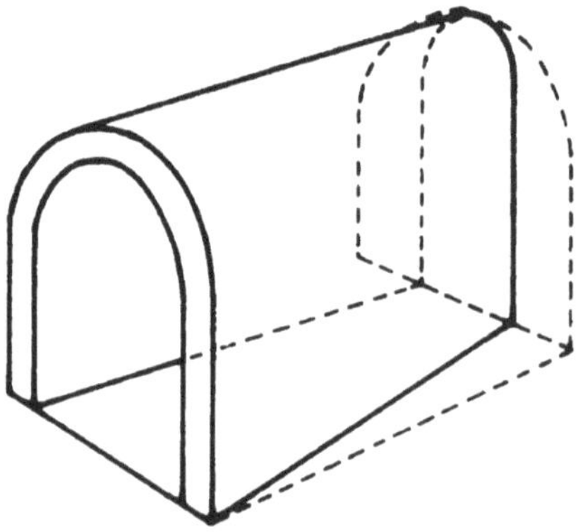

Abb.12
konoidisches Gewölbe
voûte conoïde

Gewölbe*, konisches n, auch Trompetengewölbe n, liegendes Kegelgewölbe n: Gewölbe mit konvergierend (bzw. divergierend) verlaufenden Widerlagern und fallender Scheitellinie; zu unterscheiden vom konoidischen Gewölbe und dem Gewölbe mit steigendem Rücken. - Abb.11 (hier als konische Rundtonne, ici un berceau en canonnière plein-cintre)
voûte en canonnière f, ~ conique

Rundtonne*, konische f - sic Abb.11
(voûte f en) berceau en canonnière plein-cintre m

Spitztonne, konische f
(voûte f en) berceau en canonnière brisé m

Gewölbe*, konoidisches n: Gewölbe mit konvergierend (bzw. divergierend) verlaufenden Widerlagern und horizontaler Scheitellinie; zu unterscheiden vom konischen Gewölbe. - Abb.12 (hier als konoidische Rundtonne, ici un berceau plein-cintre conoïde)
voûte conoïde f

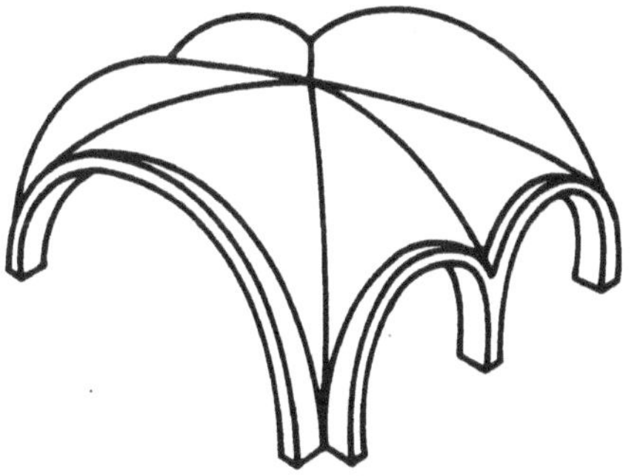

Abb.13 und 14
sechskappiges Gewölbe
voûte sexpartite

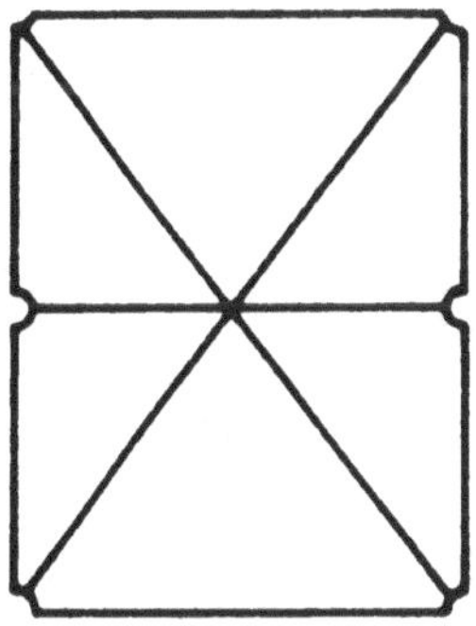

Abb.14

Gewölbe*, offenes n: Gewölbe, dessen Leibung allseits durch Bogen geöffnet ist, z.B. das Kreuzgewölbe und die Hängekuppel; → geschlossenes Gewölbe, → halboffenes Gewölbe. - sic Abb.29
voûte à baies f, ~ percée de baies

Gewölbe*, sechskappiges n, sechsteiliges ~: Kreuzgewölbe mit sechs Gewölbekappen, im allgemeinen auf rechteckigem Grundriß mit zwei längs- und vier quergestellten Kappen; das sechskappige Gewölbe ist meist mit der Bildung von Doppeljochen und dem Auftreten des Stützenwechsels verbunden. - Abb.13 und 14
voûte sexpartite f, ~ à six quartiers

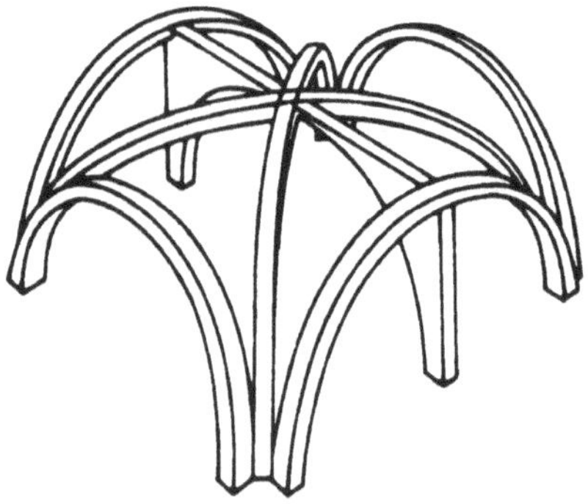

Abb.15
normannisches Gewölbe
voûte normande

noch sechskappiges Gewölbe

Gewölbe*, normannisches n, auch unechtes sechskappiges ~: eine Sonderform des sechsteiligen Gewölbes, bei der anstelle der Transversalrippe oder eines zusätzlichen Gurtbogens ein kleiner gerippter Schwibbogen das Joch teilt; z.B. in der Kirche zu Bernières/Calvados. - Abb.15
voûte normande f, ~ pseudo-sexpartite, ~ sexpartite sur ogives-diaphragmes

Schwibbogen, gerippter m; → Schwibbogenrippe.
arc-diaphragme nervuré m

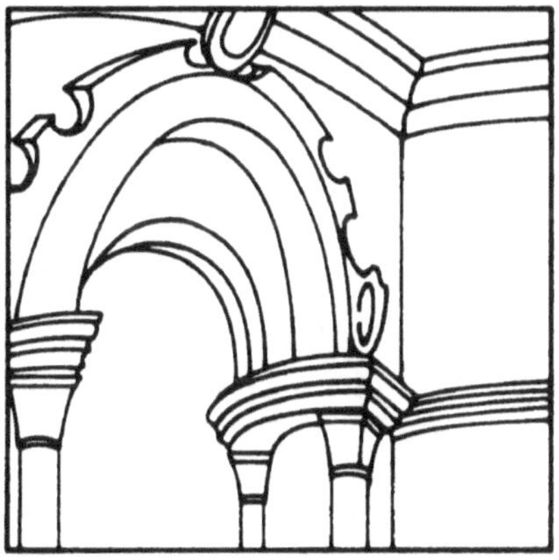

Abb.16
sphärisches Gewölbe
voûte sphérique

Gewölbe*, sphärisches n: Gewölbe, dessen Form aus einer reinen Kugelfläche (Kugelsegment, Kugelsektor) abgeleitet werden kann, z.B. der Helm und die Kalotte. Die Wölbflächen sind Kugelflächen (auch Flächen eines Rotationsellipsoids), die man sich durch Drehen einer ebenen, regelmäßig gebildeten krummen Linie um eine feste Achse entstanden denken kann. Im Unterschied zu den zylindrischen Gewölben lassen sich sphärische Gewölbe nicht einschalen, sondern werden freihändig über Lehrbogen gemauert. Im Barock entstehen Gewölbe mit sphärischen Flächen und sphärischen Gurtbogenpaaren; z.B. in der Klosterkirche Banz/Franken. - Abb.16; sic Abb.27
voûte sphérique f

Gewölbe, überhöhtes n, auch erhöhtes ~: Gewölbe, dessen Stichhöhe größer ist als es seiner Norm entspricht; zu unterscheiden vom gestelzten Gewölbe; → gedrücktes Gewölbe.
voûte surhaussée f

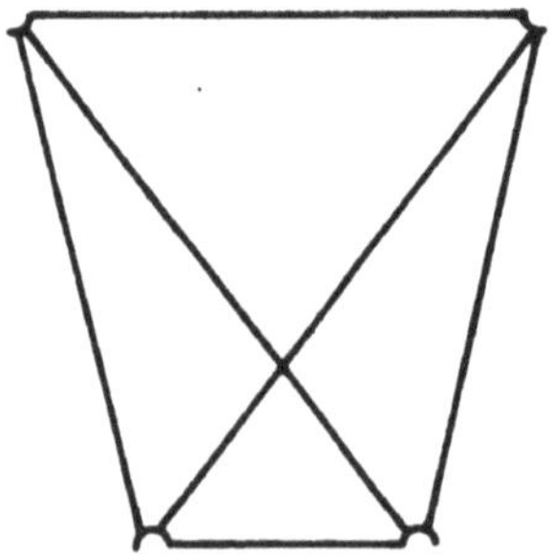

Abb.17
verzogenes Gewölbe
voûte tournante

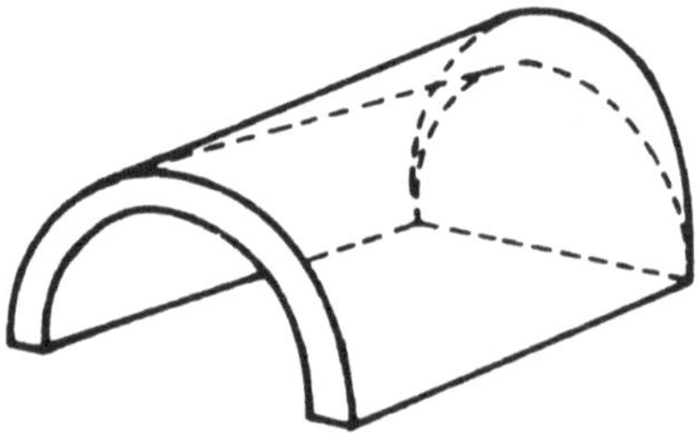

Abb.18
Gewölbe mit steigendem Rücken
voûte à ligne sommitale inclinée

Gewölbe*, verzogenes n: Gewölbe über trapezförmiger Grundfläche; z.B. über Chorumgängen. - Abb.17 (hier als verzogenes Kreuzgewölbe, ici une voûte d'arêtes tournante)
voûte tournante f

Gewölbe*, zylindrisches n: Gewölbe, dessen Form aus dem Zylinder abgeleitet werden kann, z.B. das Tonnen- und das Kreuzgewölbe. Die Wölbflächen sind Zylinderflächen, die man sich durch Fortbewegen einer ebenen, regelmäßig gebildeten krummen Linie an einer geraden oder gekrümmten Achse entstanden denken kann. Im Unterschied zu den sphärischen Gewölben werden die zylindrischen Gewölbe eingeschalt. - sic Abb.46
voûte cylindrique f, auch (~ en) berceau m

Gewölbe mit steigendem Rücken*n: Gewölbe mit parallelen horizontalen Widerlagern und steigender Scheitellinie; → steigendes Gewölbe, → konisches Gewölbe. - Abb.18
voûte à ligne sommitale inclinée f

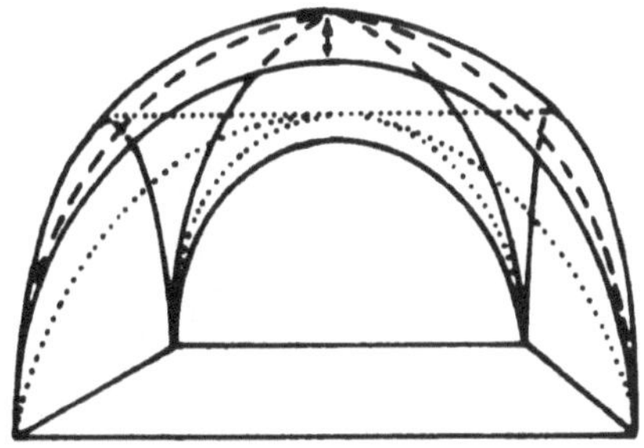

Abb.19
Gewölbe mit Stich
voûte à sommet surhaussé

Gewölbe mit Stich*n: Gewölbe, dessen Scheitel durch einen → Stich überhöht ist. - Abb.19
voûte à sommet surhaussé f

Gratgewölbe n: mit Graten versehenes Gewölbe, wie das Kreuzgrat- und das Zellengewölbe.
voûte à arêtes f; im Französischen werden besonders folgende Gratgewölbe unterschieden[1]: das → Kreuzgratgewölbe ~ d'arêtes; das Gewölbe mit doppelten Graten und zwischen ihnen liegendem Gewölbefeld (in der Art des Dreistrahlsterns) ~ à arêtes doubles; das Gewölbe mit drei vom Kämpfer fächerartig ausgehenden Graten und zwei dazwischen liegenden Gewölbefeldern (in der Art des einfachen Flechtrippensterns) ~ à arêtes triples

[1] Vgl. Architecture. Méthode et vocabulaire, Sp.136

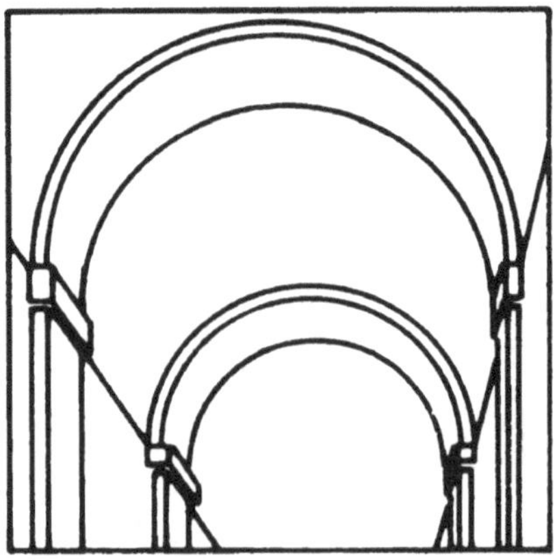

Abb.20
Gurtgewölbe
voûte sur doubleaux

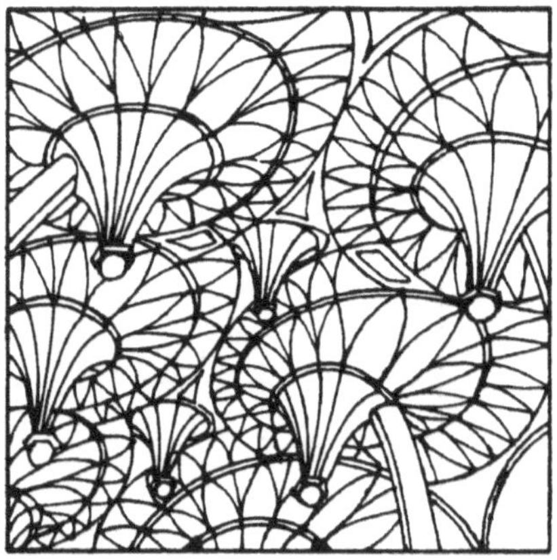

Abb.21
Hängegewölbe
voûte pendante

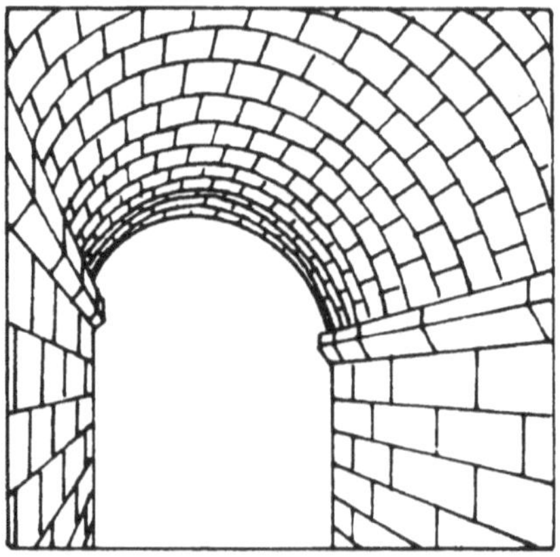

Abb.22
Horngewölbe
voûte rampante

Gurtgewölbe*n, Gurtbogengewölbe n: durch Gurtbogen in Joche gegliedertes Gewölbe, meist ein Tonnen- oder ein Kreuzgewölbe; im Barock auch mit doppelt gekrümmten Gurtbogen versehen; z.B. in der Klosterkirche Banz/Franken; zu unterscheiden vom Gurtengewölbe; → gegliederte Tonne. - Abb.20
voûte sur doubleaux f

Hängegewölbe*n, hängendes Trichtergewölbe n, hängendes Gewölbe n: dem Fächergewölbe ähnliche Gewölbeform, bei der jedoch die Teilgewölbe nicht auf Pfeilern ruhen, sondern - an tragenden Quergurten verankert - von der Decke herabhängen; → hängender Trichter, → Abhängling. - Abb.21
voûte pendante f, auch ~ à retombées pendantes, ~ à clefs pendantes

Horngewölbe*n, Ochsenhorngewölbe n, einhüftiges Gewölbe n: Gewölbe mit verschieden hohen Widerlagern; → steigendes Gewölbe, → Halbtonne, → ansteigender Bogen (GlA 3). - Abb.22
voûte rampante f, ~ en corne-de-boeuf

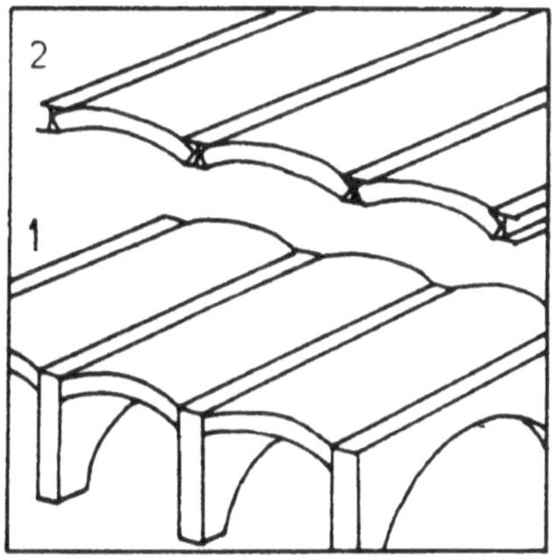

Abb.23
Preußische Kappe
voûtain très surbaissé

1 zwischen Gurtbogen
entre arcs-doubleaux

2 zwischen Stahlträgern
entre poutres en acier

Kappe*, Preußische f, auch Preußisches Tonnengewölbe n, Preußisches Kappengewölbe n: eine oder mehrere zwischen Trägern (Balken, Gurtbogen oder Stahlträgern) gespannte Gewölbekappen in Form einer Flachtonne von sehr geringer Stichhöhe (1/6 - 1/12 der Gewölbesprengweite); zu unterscheiden von der Böhmischen Kappe. - Abb.23
voûtain très surbaissé m, (voûte f en) berceau très aplati m

Kappengewölbe n: Gewölbe, das aus einem oder mehreren Teilstücken von einfachen, gesetzmäßig gebildeten Wölbflächen besteht; zu unterscheiden vom Kappengewölbe = Stichkappengewölbe und = Klostergewölbe; → Kreuzkappe, → Klosterkappe, → Preußische Kappe, → Böhmische Kappe.
voûte à voûtain(s) aplati(s) f

Kesselgewölbe n: über runder Grundfläche errichtetes Gewölbe mit einer Gewölbelinie in Form einer flachen Halbellipse; - von einigen Autoren auch als elliptisches Gewölbe bezeichnet.
(voûte f en) calotte surbaissée f

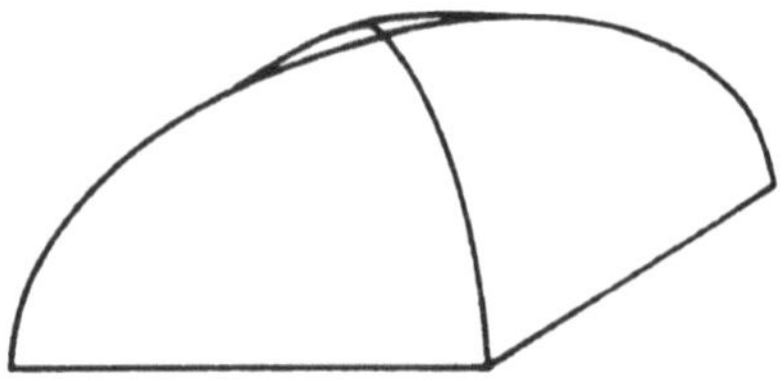

Abb.24
Klostergewölbe
voûte en arc-de-cloître

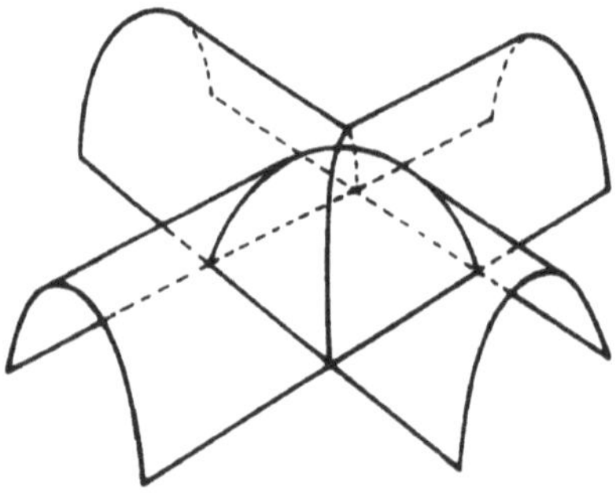

Abb.25
Klostergewölbe (Analyse)
voûte en arc-de-cloître (analyse)

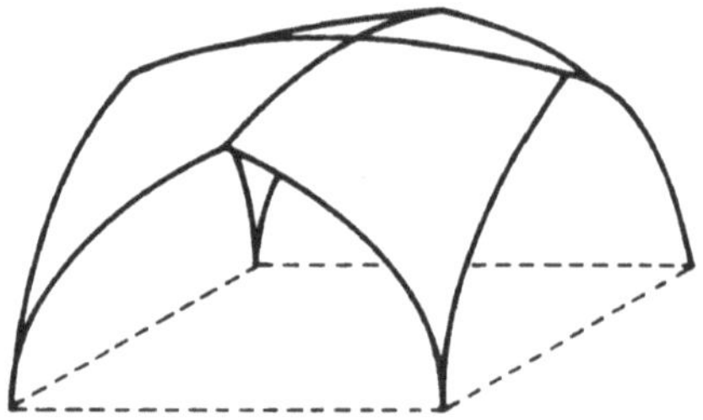

Abb.26
offenes Klostergewölbe
voûte en arc-de-cloître percée de baies

Klostergewölbe*n, Walmgewölbe n, Haubengewölbe n, auch abgewalmtes Gewölbe n, Kappengewölbe n (österr.): Gewölbe, das von mehreren → Gewölbewangen (hier: dreieckigen Ausschnitten aus einer Zylinderfläche mit geradlinigem Ansatz sowie Kehlen an Leibung und Scheitelpunkt) gebildet wird. Theoretisch ist das Klostergewölbe das Ergebnis der Durchdringung gleich hoher Tonnen, deren Gewölbefuß erhalten bleibt (Abb.25). Die Grundfläche des Klostergewölbes kann quadratisch, rechteckig, dreieckig oder polygonal sein. Das Klostergewölbe kann geschlossen (Abb.24) oder offen (Abb.26) sein; alle Umfassungsmauern des geschlossenen Klostergewölbes sind Widerlager. Die Norm ist das vierteilige Klostergewölbe, andere Erscheinungsformen sind zu präzisieren; → Muldengewölbe, → Spiegelgewölbe. - Abb.24 - 26
voûte en arc-de-cloître f

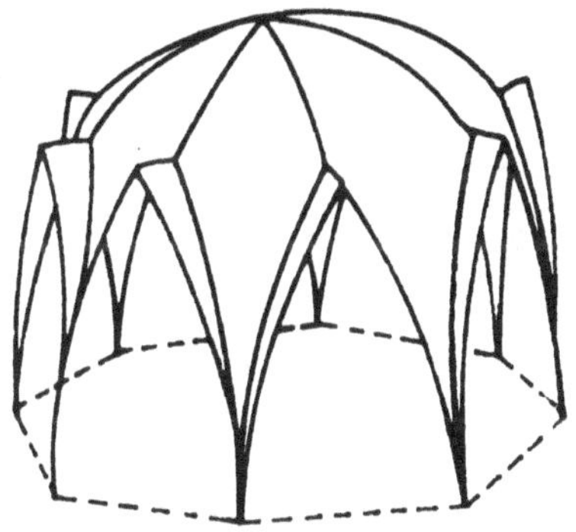

Abb.27
Helm
voûte en arc-de-cloître
surhaussée

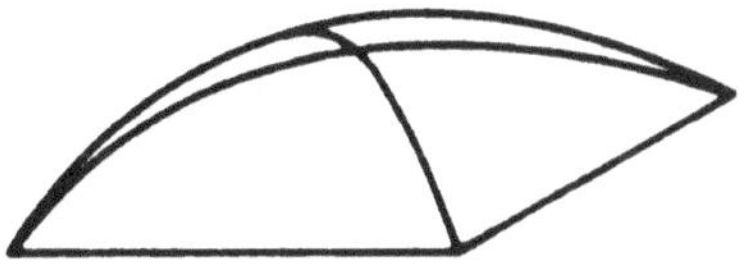

Abb.28
Klosterkappe
voûte en arc-de-cloître
surbaissée

noch Klostergewölbe

Helm*m, Klosterkuppel f, Walmkuppel f, auch Helmkuppel f, Haubenkuppel f: überhöhtes Klostergewölbe über polygonaler Grundfläche; → Vieleckkuppel. - Abb. 27
voûte en arc-de-cloître surhaussée (sur plan polygonal) f

Klostergewölbe, achtteiliges n
voûte en arc-de-cloître à huit voûtains f

Klosterkappe*f: gedrücktes Klostergewölbe; → Kappengewölbe. - Abb.28
voûte en arc de cloître surbaissée f

Kompositgewölbe*n: Gewölbe, dessen Form durch verschieden gebildete, sich durchdringende oder aneinandergefügte Gewölbe bestimmt ist; im Gegensatz zum einfachen Gewölbe; → Durchdringungsgewölbe, → Doppelgewölbe, → Byzantinische Kuppel. - sic Abb.92
voûte en cerce f, ~ composite

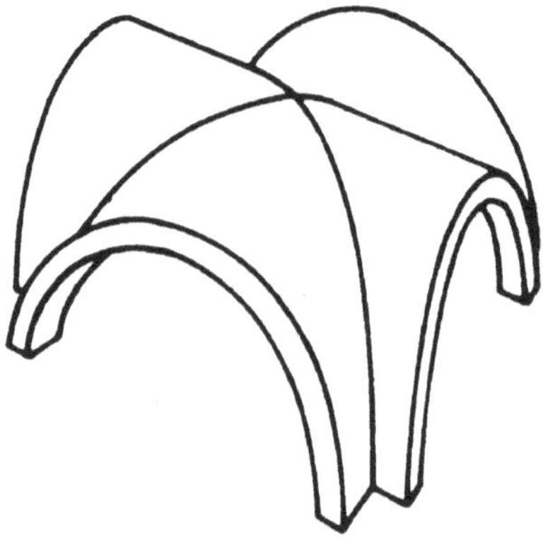

Abb.29
Kreuzgewölbe
voûte d'arêtes

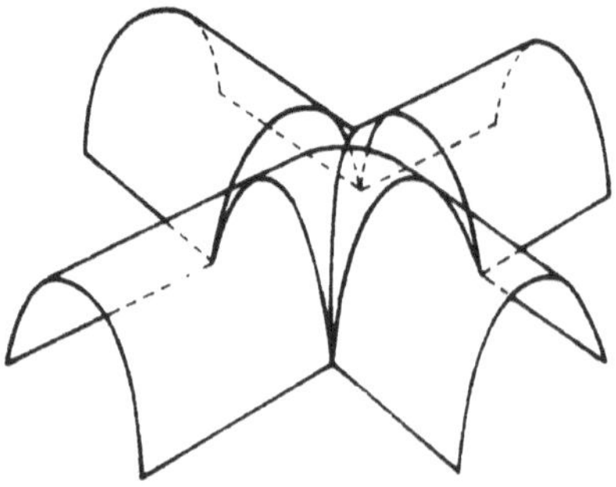

Abb.30
Kreuzgewölbe (Analyse)
voûte d'arêtes (analyse)

Kreuzgewölbe*n: Oberbegriff für Gewölbe, die von mehreren → Gewölbekappen gebildet werden, z.B. das Kreuzgratgewölbe und das Kreuzrippengewölbe. Theoretisch ist das Kreuzgewölbe das Ergebnis der Durchdringung gleich hoher Tonnen (Abb.30). Die Norm ist das vierkappige Kreuzgewölbe, daher sind das dreikappige, sechskappige, verzogene usw. Kreuzgewölbe zu präzisieren. - Abb.29 und 30

Da es im Französischen keinen Terminus für den Oberbegriff Kreuzgewölbe gibt[1], ist jeweils zu präzisieren:

→ Kreuz(grat)gewölbe voûte d'arêtes f; → Kreuz(rippen)gewölbe voûte d'ogives f

[1] Vgl. Architecture. Méthode et vocabulaire, Sp.135

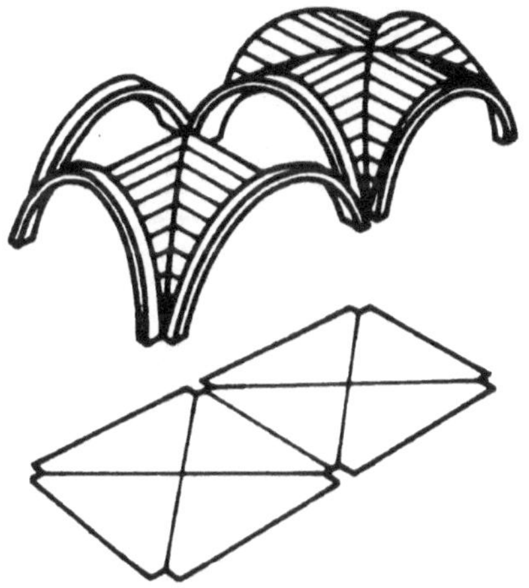

Abb.31
ausgeschiedenes Kreuzgewölbe
voûte d'arêtes à doubleaux

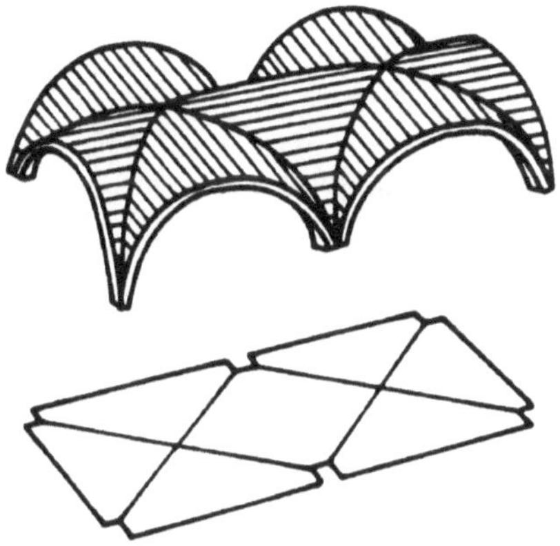

Abb.32
durchgehendes Kreuzgewölbe
voûte d'arêtes continue

noch Kreuzgewölbe

Kreuzgewölbe*, ausgeschiedenes n: von Gurt- und Scheidbogen begrenztes Kreuzgewölbe. - Abb.31
voûte d'arêtes (ou: d'ogives) à doubleaux f, ~ d'arêtes (ou: d'ogives) fractionnée.

Kreuzgewölbe*, durchgehendes n: fortlaufendes Kreuzgewölbe ohne trennende Gurtbogen. - Abb.32
voûte d'arêtes (ou: d'ogives) continue f

Kreuzgewölbe*, einfaches n: Gewölbe, das bei der Durchdringung zweier senkrecht aufeinander treffender, gleich hoher und weiter Rundtonnen entsteht. - sic Abb.29
voûte d'arêtes (ou: d'ogives) normale f, ~ d'arêtes (ou: d'ogives) simple

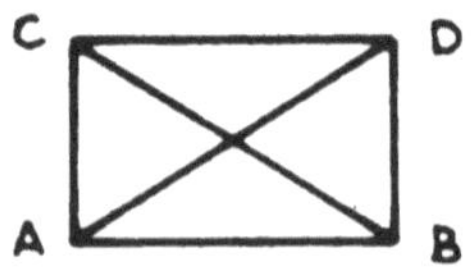

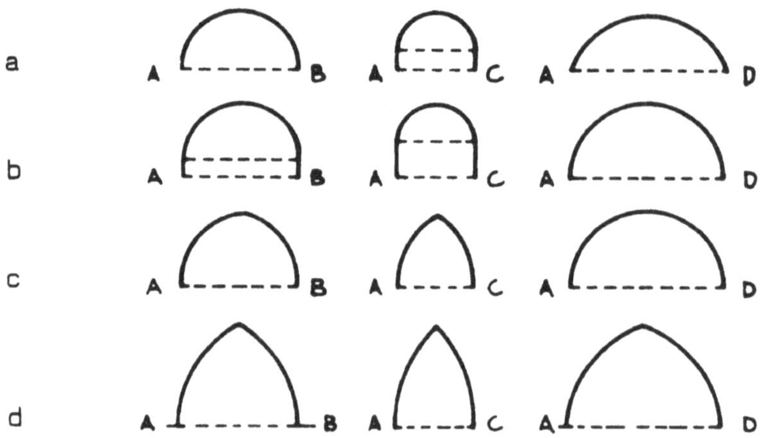

Abb.33
Kreuzgewölbe[1]
voûte d'arêtes

noch Kreuzgewölbe

Kreuzgewölbe*, gebustes n: sphärisch überhöhtes Kreuzgewölbe; die Form, in der das → gebuste Gewölbe zumeist auftritt. – sic Abb.10
voûte d'arêtes (ou: d'ogives) bombée f, ~ d'arêtes (ou: d'ogives) à quartiers bombés

Kreuzgewölbe*, gotisches n: Kreuzgewölbe mit spitzbogigen Randbogen, vielfach auch mit Stich und Busung; → Klosterkappe. – Abb.34 und Abb.33c und 33d
voûte d'ogives (ou: d'arêtes) gothique f, ~ gothique à arcs d'encadrement brisés

Kreuzgewölbe*, romanisches n: Kreuzgewölbe mit halbkreisförmigen Rand- und Kreuzbogen; dem höheren Diagonalbogen entspricht die Anhebung des Gewölbescheitels durch einen Stich und die Ausbildung sphärischer Wölbflächen. – Abb.33b
voûte d'arêtes romane f, ~ romane à arcs d'encadrement en plein-cintre

[1] nach Frankl, S.6

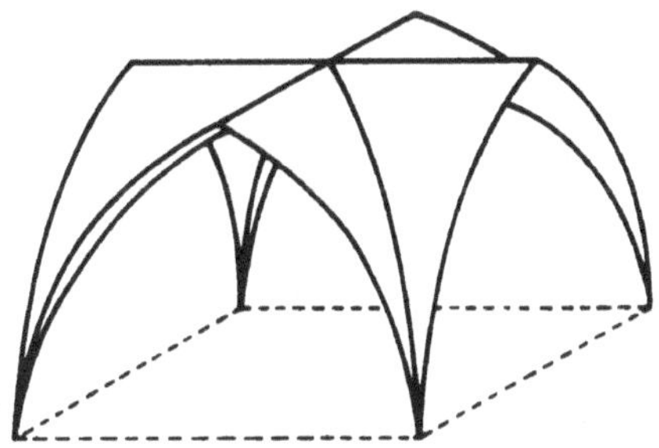

Abb.34
gotisches Kreuzgewölbe
voûte d'ogives gothique

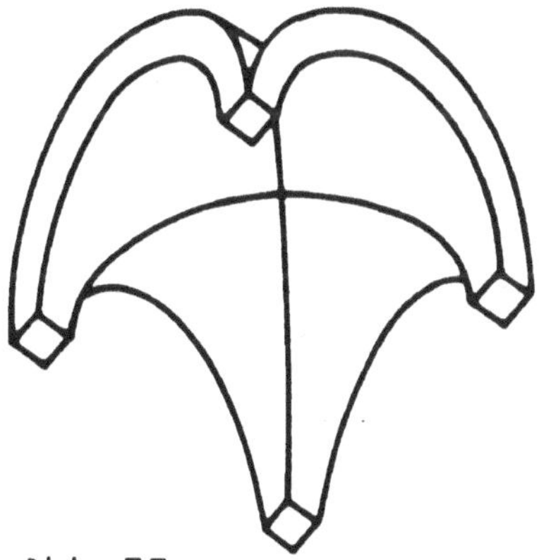

Abb.35
Kreuzgratgewölbe
voûte d'arêtes

noch Kreuzgewölbe

Kreuzgewölbe*, römisches n: Kreuzgewölbe mit gleich hohen Rand- und Kreuzbogen und waagrechter Scheitellinie; über quadratischer Grundfläche sind alle Randbogen Halbkreise, die Kreuzbogen Ellipsen; z.B. in der Maxentiusbasilika in Rom. Abb.33a
voûte d'arêtes romaine f

Kreuzgratgewölbe*n: → Kreuzgewölbe, dessen Kappen in Graten zusammenstoßen. Theoretisch ist das Kreuzgratgewölbe das Ergebnis der Durchdringung gleich hoher Tonnen, deren Scheitellinien ganz erhalten bleiben (Abb.30). Die Norm ist das vierkappige Kreuzgratgewölbe, andere Erscheinungsformen sind zu präzisieren. - Abb.35
voûte d'arêtes f

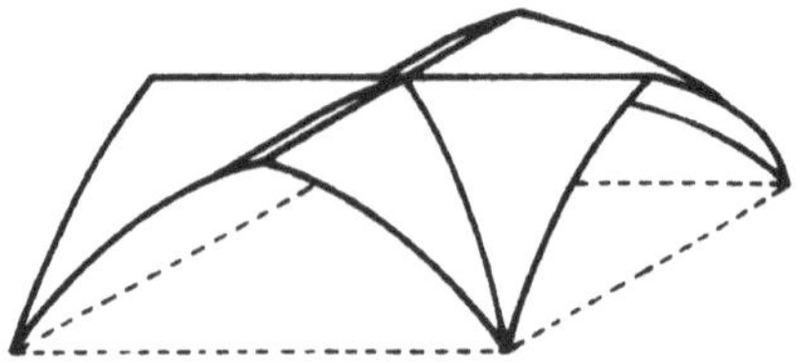

Abb.36
gotische Kreuzkappe
voûte d'arêtes gothique surbaissée

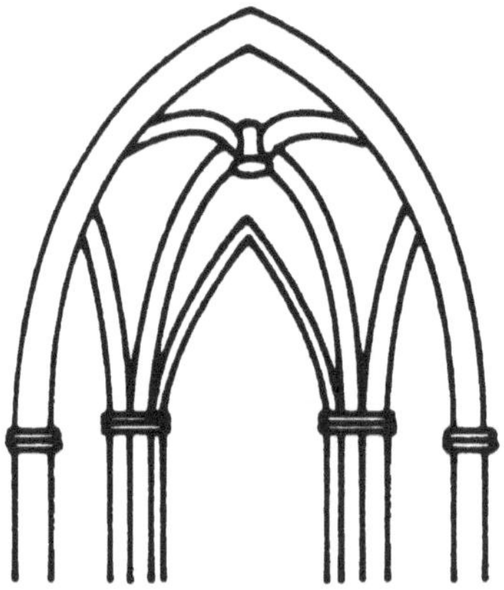

Abb.37
Kreuzrippengewölbe
voûte d'ogives

Kreuzkappe f, Kreuzkappengewölbe n: gedrücktes Kreuzgewölbe; gelegentlich mit Stich, Busung und Stichkappen versehen; zu unterscheiden von der Kreuzkappe als einer der Gewölbekappen des Kreuzgewölbes; → Kappengewölbe.
voûte d'arêtes (ou: d'ogives) surbaissée f

Kreuzkappe*, gotische f - Abb.36
voûte d'arêtes (ou: d'ogives) gothique surbaissée f

Kreuzkappe, romanische f
voûte d'arêtes romane surbaissée f

Kreuzrippengewölbe*n, auch Diagonalrippengewölbe n: → Kreuzgewölbe mit Gratrippen; zu unterscheiden vom Diagonalrippengewölbe als Ziergewölbe. - Abb.37
voûte d'ogives f, auch ~ sur croisée d'ogives

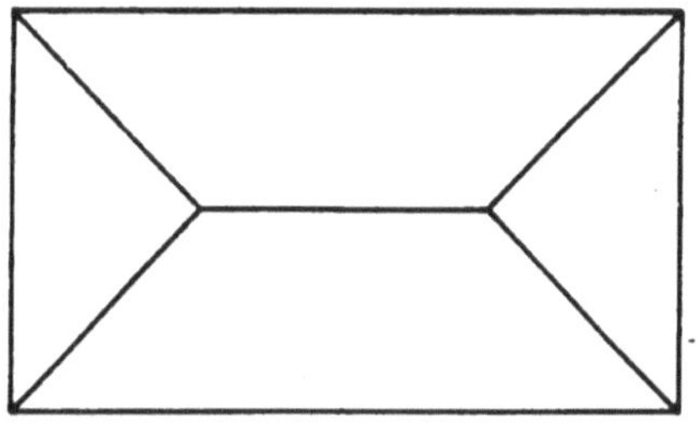

Abb.38
Muldengewölbe
voûte en cuvette

noch Kreuzrippengewölbe

Kreuzrippengewölbe auf Schwibbogen n; z.B. in der Kirche von Louviers/Eure.
voûte sur ogives-diaphragmes f

Muldengewölbe*n: über rechteckigem Grundriß gespannte Spitztonne, die von den zwei Schmalseiten her von je einer rund- oder spitzbogigen → Wange angeschnitten wird. - Abb.38
voûte en cuvette f, ~ en auge, auch ~ en arc-de-cloître rectangulaire

Muldengewölbe, spitzbogiges n
voûte en cuvette brisée f

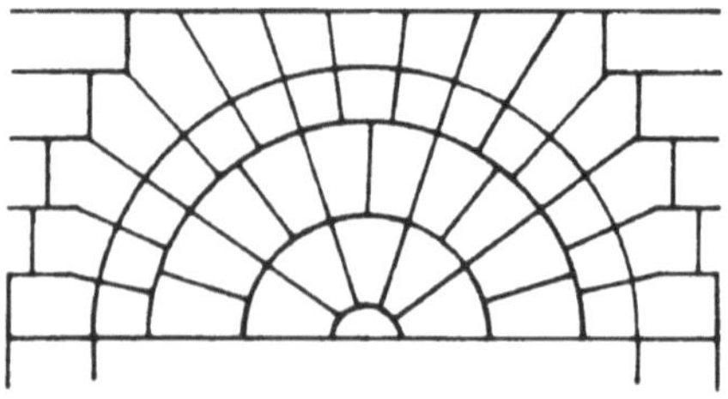

Abb.39
Muschelgewölbe
voûte en coquille

Muschelgewölbe*n: der Konche ähnliches Gewölbe, bei dem jedoch der Wölbverband nicht ringförmig sondern radial, von der Mitte des Gewölbefußes ausgehend, angelegt ist; → radial steigender Gewölbeverband. - Abb.39
voûte en coquille f, ~ à joints continus, auch conque f

Pendentifgewölbe n: von → Pendentifs getragenes Gewölbe, das im Vergleich zur Pendentifkuppel stark gedrückt erscheint.
voûte en pendentifs f

Ringgewölbe*n, auch ringförmiges Gewölbe n: Gewölbe, dessen Scheitellinie ein Kreissegment oder einen vollen Kreis beschreibt, z.B. in einem Chorumgang oder → Arkadenring (GlA 3); → Ringtonne, → Schneckengewölbe. - sic Abb. 51 und Abb. 40
voûte tournante f, auch ~ annulaire

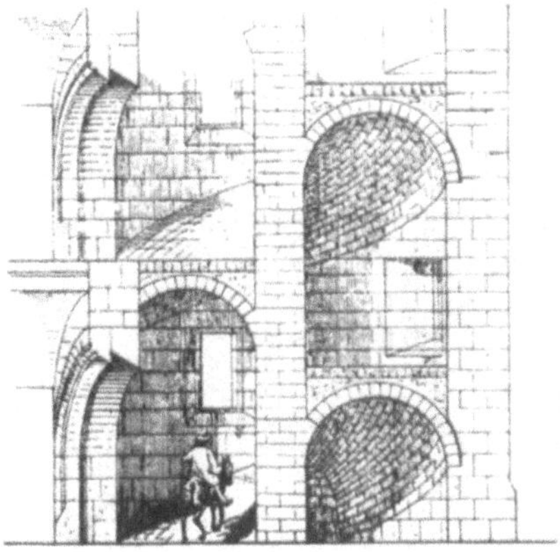

Abb.40
Schneckengewölbe[1)]
berceau hélicoïdal

Rippengewölbe*n: von Rippen getragenes Gewölbe; im weiteren Sinne jedes berippte Gewölbe; → Kreuzrippengewölbe, → Zierrippengewölbe, → tragende Rippe, → Zierrippe. - sic Abb.37
voûte à nervures f, ~ nervurée

Schneckengewölbe*n, Spiralgewölbe n: spiralförmig ansteigendes Ring-gewölbe mit einer → Spindel oder → Hohlspindel (GlA 5); meist als Träger einer Treppe oder Rampe. - Abb.40
(voûte f en) berceau hélicoïdal m, (~ en) berceau rampant en vis m

Spindelgewölbe n: Schneckengewölbe mit Spindel; → Ringtonne mit Spindel.
(voûte f en) berceau hélicoïdal tournant sur le noyau m

1) Aus Körner, op. cit., Abb.29

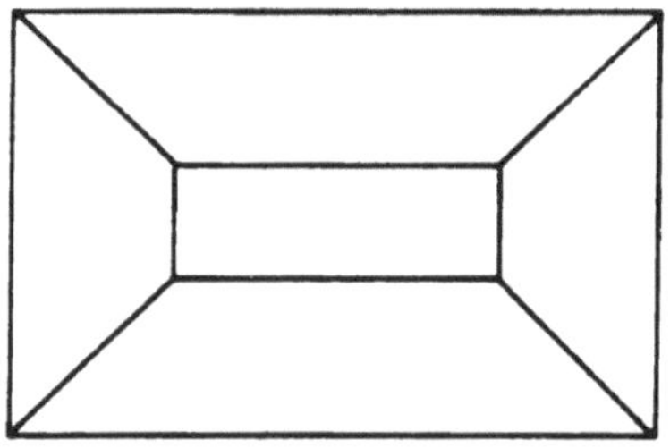

Abb.41 und 42
Spiegelgewölbe
voûte à fond plat

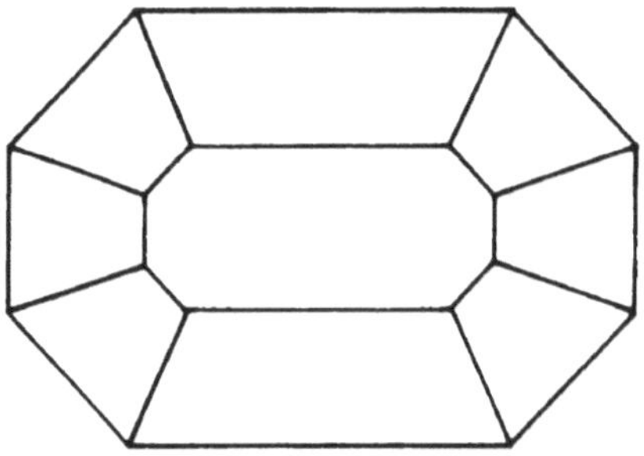

Abb.42

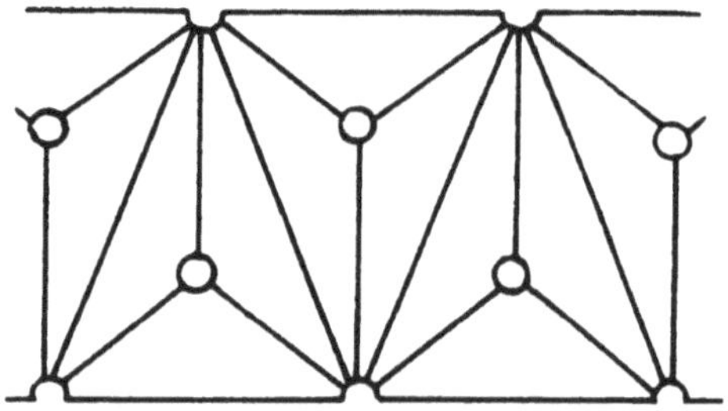

Abb.43
Springgewölbe
voûtes à tiercerons alternants

Spiegelgewölbe*n: Gewölbe, das aus mehreren trapezförmigen Ausschnitten aus einer Zylinderfläche und einem ebenen Mittelstück gebildet ist; auf rechteckiger Grundfläche gleicht es einem abgeflachtem Muldengewölbe; es kann jedoch auch auf runder oder vieleckiger Grundfläche errichtet sein und einen ovalen, rechteckigen oder polygonalen → Spiegel besitzen. - Abb.41 und 42
voûte à fond plat f, ~ en miroir, auch ~ en arc-de-cloître déprimée

Springgewölbe*n: Gewölbe mit alternierender Anordnung der Schlußsteine; z.B. im Sommerrefektorium des Klosters Bebenhausen/Württemberg; → Dreistrahlgewölbe. - Abb.43
voûtes à tiercerons alternants f pl

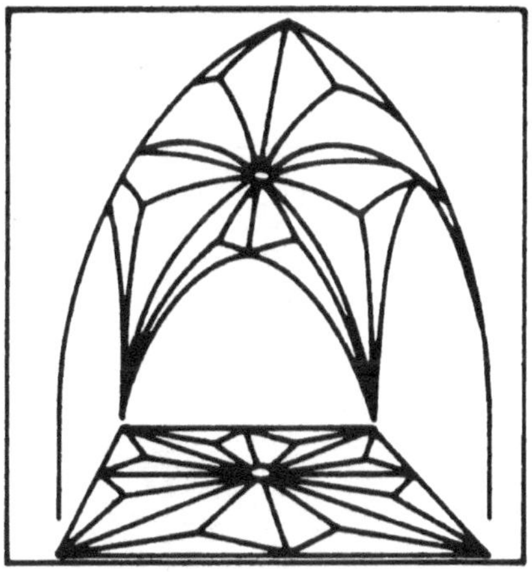

Abb.44
Sterngewölbe
voûte en étoile

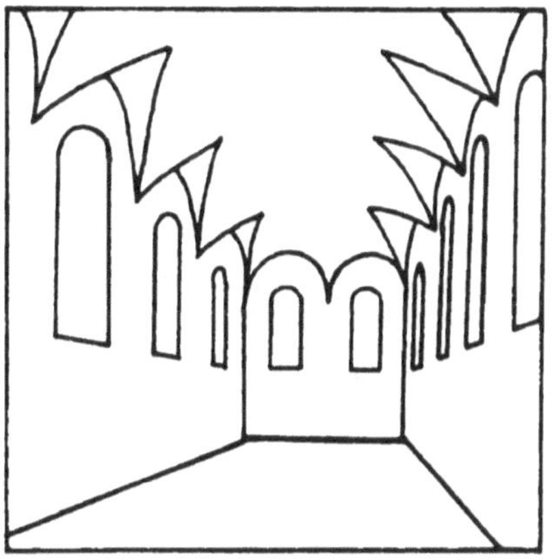

Abb.45
Stichkappengewölbe
berceau à pénétrations

Sterngewölbe*n, auch **Sternrippengewölbe** n: Gewölbe mit sternförmig angeordnetem Rippensystem; oft ein radiales Dreistrahl- oder Rautengewölbe streng geometrischer Art, manchmal auch ein Schwingrippengewölbe in vegetabilischen Formen; → Stern. - Abb.44
voûte (à nervures) en étoile f

Stichkappengewölbe*n, **Lünettengewölbe** n, auch **Kappengewölbe** n, **Ohrgewölbe** n, **Brillengewölbe** n: Gewölbe, in das → Stichkappen einschneiden; im engeren Sinne eine Tonne mit quergestellten Stichkappen; → Durchdringungsgewölbe. - Abb.45
(voûte f en) berceau à pénétrations m, **(~ en) berceau à lunettes** m

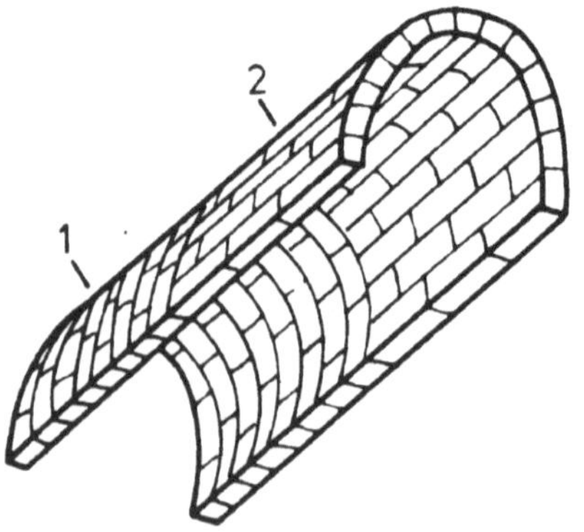

Abb.46
Tonne
berceau

1 Ringschicht
appareil en assises arquées

2 Kuff
appareil assisé

Tonne*f, Tonnengewölbe n, auch Kufengewölbe n, Kaffgewölbe n: halboffenes zylindrisches Gewölbe mit parallelen Widerlagern, ein liegender Halb- oder Teilzylinder; die Grundform ist halbkreisförmig mit waagerechter, gerade verlaufender Achse. Da "Tonne" eine Formbenennung ist, muß zur Unterscheidung von Tonnenschalen, Guß- und Holztonnen gegebenenfalls die Bezeichnung Tonnengewölbe verwendet werden. Durch Gurtbogen verstärkt und gegliedert wird die Tonne zum Gurtgewölbe. - Abb.46
(voûte f en) berceau m

Flachtonne*f, Segmenttonne f, Stichbogentonne f, auch Segmentgewölbe n: Tonne mit der Gewölbelinie eines → Flachbogens (GlA 3); im Unterschied zur → Preußischen Kappe ist die Flachtonne nicht zwischen Trägern eingespannt und hat meist eine größere Stichhöhe. - Abb.47
(voûte f en) berceau aplati m, (~ en) berceau surbaissé m

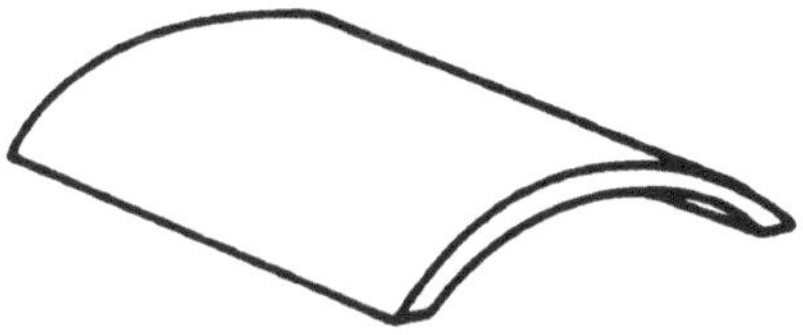

Abb.47
Flachtonne
berceau aplati

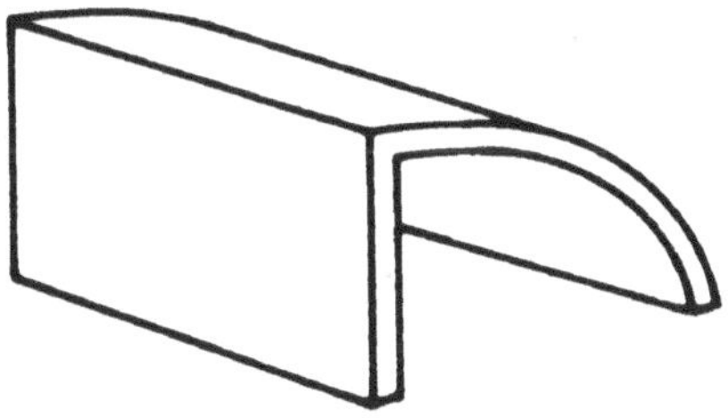

Abb.48
Halbtonne
demi-berceau

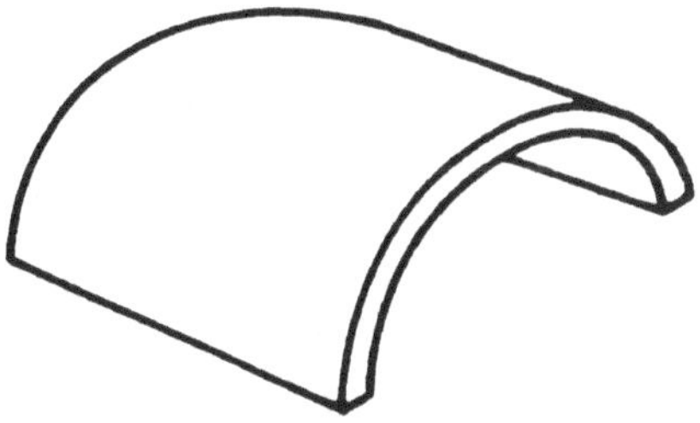

Abb.49
Korbbogentonne
berceau en anse-de-panier

noch Tonne

Halbtonne*f, einschenklige Tonne f: asymmetrische, von einem Viertelkreis gebildete Tonne; - von einigen Autoren auch Viertelstonne genannt; zu unterscheiden vom Horngewölbe; → Halbbogen (GlA 3). - Abb. 48
(voûte f en) demi-berceau m, auch (~ en) berceau en quart-de-cercle m

Kettenbogentonne f: Tonne mit der Gewölbelinie eines → Kettenbogens (GlA 3).
(voûte f en) berceau en chaînette m

Korbbogentonne*f, Korbgewölbe n, Korbhenkelgewölbe n: Tonne mit der Gewölbelinie eines → Korbbogens (GlA 3). - Abb. 49
(voûte f en) berceau en anse-de-panier m

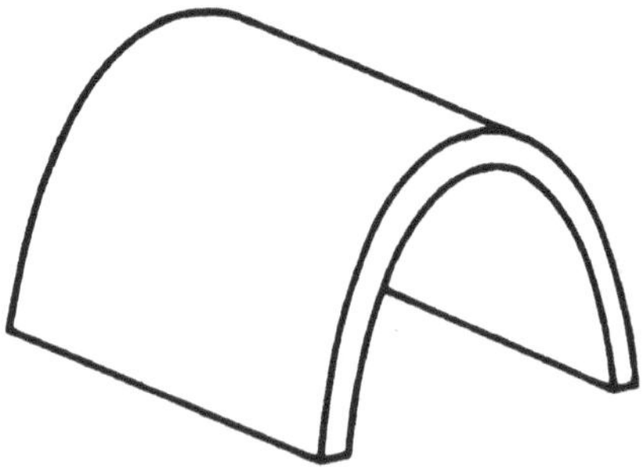

Abb.50
Parabeltonne
berceau parabolique

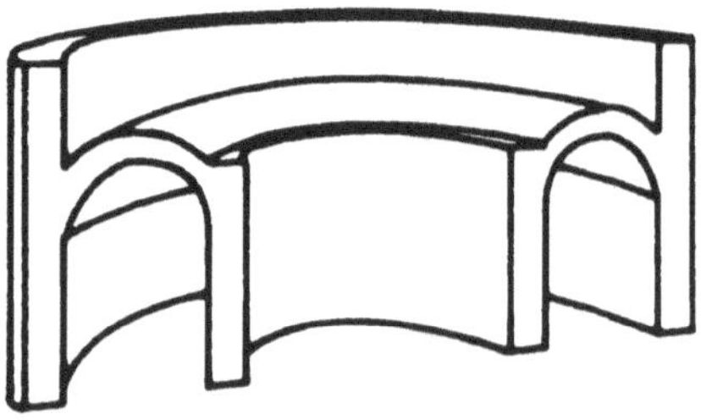

Abb.51
Ringtonne
berceau tournant

noch Tonne

Parabeltonne*f: Tonne mit der Gewölbelinie einer Parabel; z.B. im Palast von Ktesiphon/Jrak. - Abb.50
(voûte f en) berceau parabolique m

Ringtonne*f, auch ringförmige Tonne f: Tonne, deren Scheitellinie ein Kreissegment oder einen vollen Kreis beschreibt; z.B. das Reduit Tilly in Ingolstadt/Bayern; → Ringgewölbe. - Abb.51
(voûte f en) berceau tournant m

Ringtonne mit Spindel f; → Spindelgewölbe.
(voûte f en) berceau tournant sur le noyau m

Rundtonne*f, Rundbogentonne f, veraltet Halbkreisgewölbe n: Tonne mit halbkreisförmiger Gewölbelinie. - sic Abb.46
(voûte f en) berceau plein-cintre m

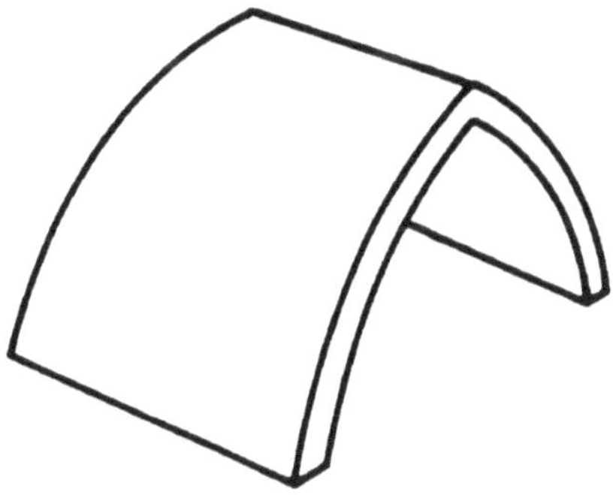

Abb.52
Spitztonne
berceau brisé

noch Tonne

Spitztonne*f, Spitzbogentonne f: Tonne mit der Gewölbelinie eines Spitzbogens. - Abb.52
(voûte f en) berceau brisé m, (~ en) berceau (en) tiers-point m

Tonne*, durchgehende f: Tonne, die nicht durch Gurtbogen gegliedert ist, die also eine durchlaufende Wölbung besitzt; im Gegensatz zur gegliederten Tonne. - sic Abb.46
(voûte f en) berceau continu m; präzisierend z.B.: eine über drei Joche gehende Tonne (~ en) berceau continu sur trois travées

Tonne*, gegliederte f: von Gurtbogen quergeteilte Tonne, im Gegensatz zur durchgehenden Tonne; → Gurtgewölbe, → Tonnenjoch. - sic Abb.20
(voûte f en) berceau fractionné m

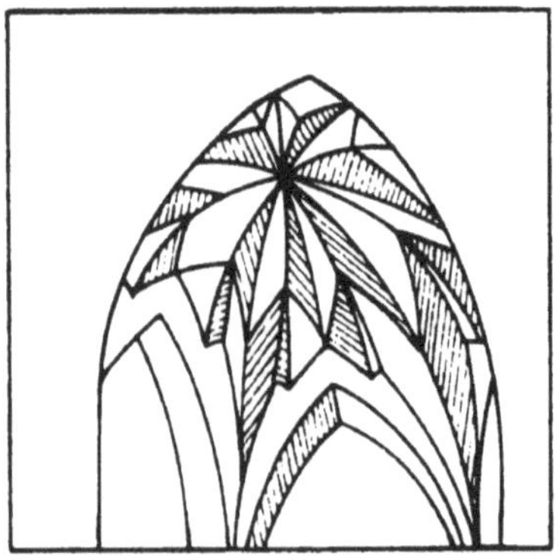

Abb.53
Zellengewölbe
voûte à alvéoles

noch Tonne

Tudorbogentonne f: Tonne mit der Gewölbelinie eines → Tudorbogens (GlA 3).
(voûte f en) berceau Tudor m

Trompengewölbe n: von → Trompen getragenes Gewölbe; z.B. ein mehrseitiges Klostergewölbe wie in St. Hilaire zu Poitiers; → Trompenkuppel.
voûte sur trompes f

Zellengewölbe*n, Faltengewölbe n, auch Tütengewölbe n, Mützengewölbe n: prismatoides Gratgewölbe aus übereck gestellten und verputzten Ziegeln, die in verschiedenen Mustern, z.B. in Sternformen, angeordnet sind; z.B. in der Burg Perštejn/Mähren. - Abb.53
voûte à alvéoles f

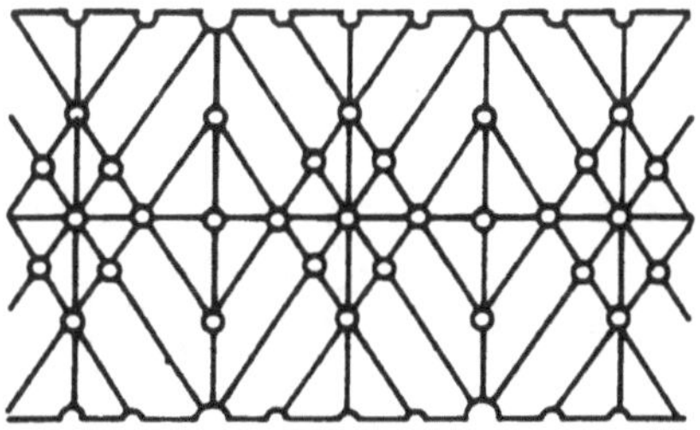

Abb.54
Diagonalrippengewölbe
voûte à nervures diagonales

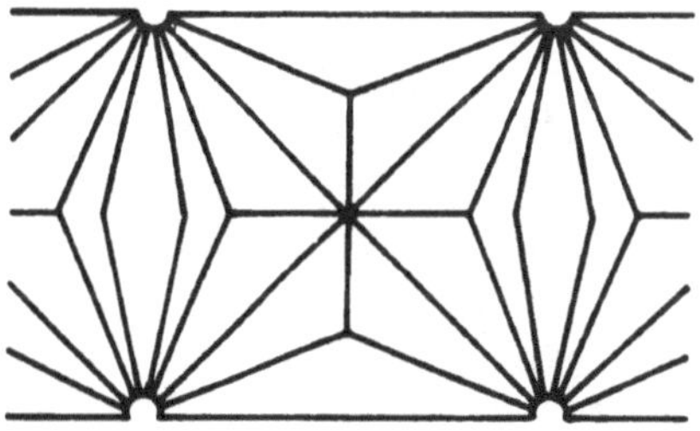

Abb.55
Flechtrippengewölbe
voûte à liernes et
tiercerons doublés

2. ZIERGEWÖLBE
VOUTES A TRACE DECORATIF

Ziergewölbe n: Gewölbe von vorwiegend dekorativer Form; → Zierrippengewölbe.
voûte à tracé décoratif f, ~ à projection décorative

Diagonalrippengewölbe*n: Ziergewölbe mit diagonal zur Längsachse des Gebäudes verlaufenden Rippen; → Diagonalrippe, → Kreuzrippengewölbe.
- Abb.54
voûte à nervures diagonales f

Flechtrippengewölbe*n: mit → Flechtrippen versehenes Kreuzrippengewölbe; → Flechtrippenstern. - Abb.55
voûte (d'ogives) à liernes et (à) tiercerons doublés f

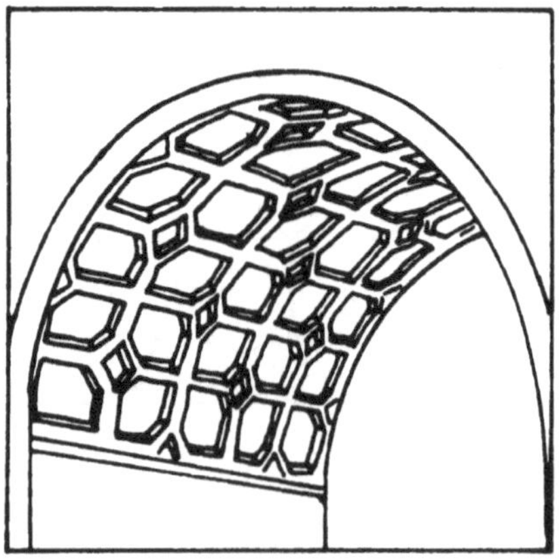

Abb.56
Kassettengewölbe
voûte à caissons

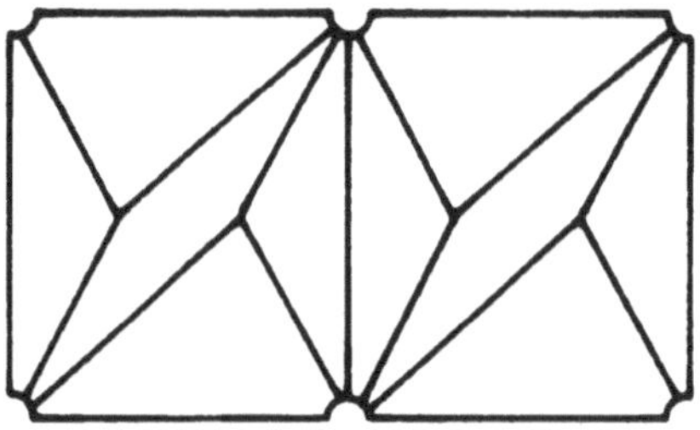

Abb.57
Knickrippengewölbe
voûte à nervures brisées

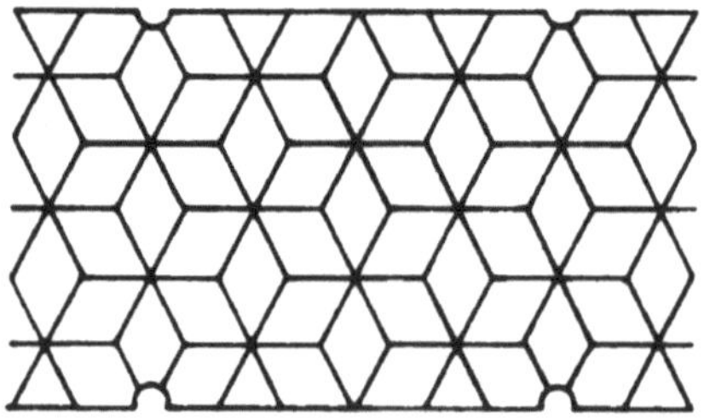

Abb.58
Maschengewölbe
voûte à mailles

Gewölbe, figuriertes n: Gewölbe, dessen reiches Rippensystem in einer Folge verschiedener geometrischer oder auch pflanzlicher Muster angeordnet ist; → Netzgewölbe, → Maßwerkgewölbe, → Schwingrippengewölbe.
voûte à nervures multiples f, ~ nervures en tracé décoratif

Kassettengewölbe*n: von Kassetten gegliedertes Gewölbe; → Kassettenkuppel. - Abb.56
voûte à caissons f

Knickrippengewölbe*n: mit → Knickrippen versehenes Gewölbe; es werden z.B. die Gratrippen im Kreuzrippengewölbe durch Knickrippen ersetzt oder überlagert. - Abb.57
voûte à nervures brisées f

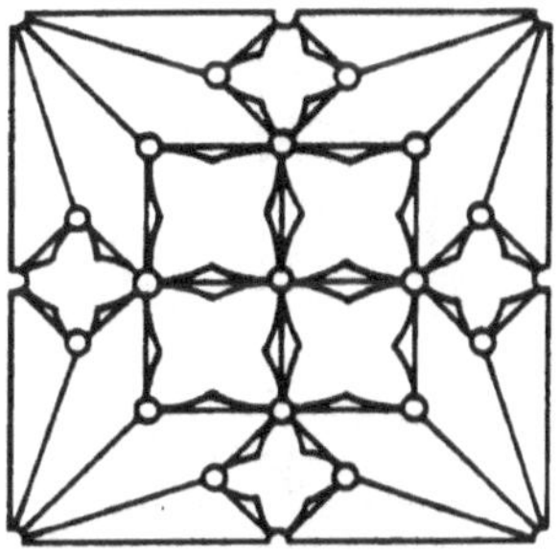

Abb.59
Maßwerkgewölbe
voûte en tracé de réseau

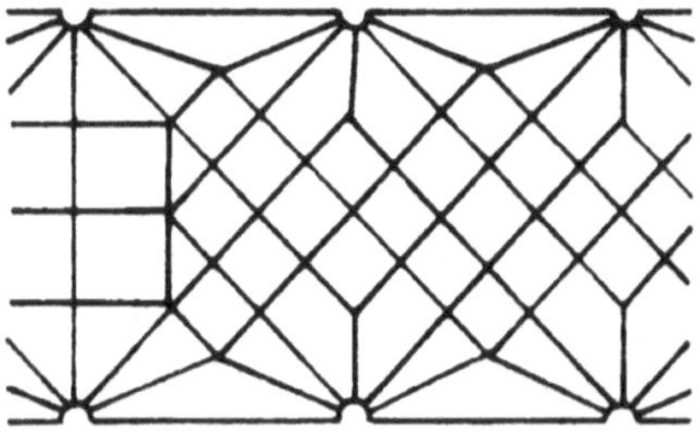

Abb.60
Netzgewölbe
voûte réticulée

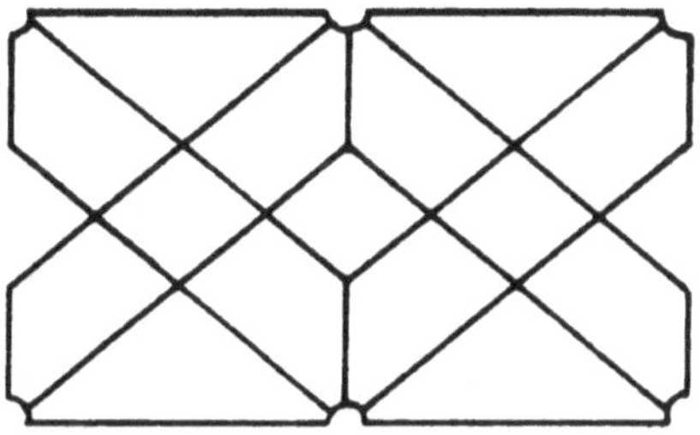

Abb.61
Parallelrippengewölbe
voûte à nervures parallèles

Maschengewölbe*n, Maschennetzgewölbe n: engmaschiges Netzgewölbe mit dreieckigen, quadratischen oder rautenförmigen Gewölbefachen; → Masche, → Netzgewölbe. - Abb.58

voûte à mailles (régulières) f, ~ en treillis régulier

Maßwerkgewölbe*n: in Maßwerkformen gebildetes Netzgewölbe; → Maßwerkrippe. - Abb.59

voûte (à nervures) en tracé de réseau f

Netzgewölbe*n: Gewölbe, das von zahlreichen Rippen netzartig überzogen ist; → Maschengewölbe, → Rautengewölbe, → Sternnetzgewölbe, → Schwingrippengewölbe. - Abb.60

voûte réticulée f, ~ en treillis

Parallelrippengewölbe*n: Gewölbe mit paarweise gleichlaufenden Rippen; → Parallelrippe. - Abb.61

voûte à nervures parallèles f

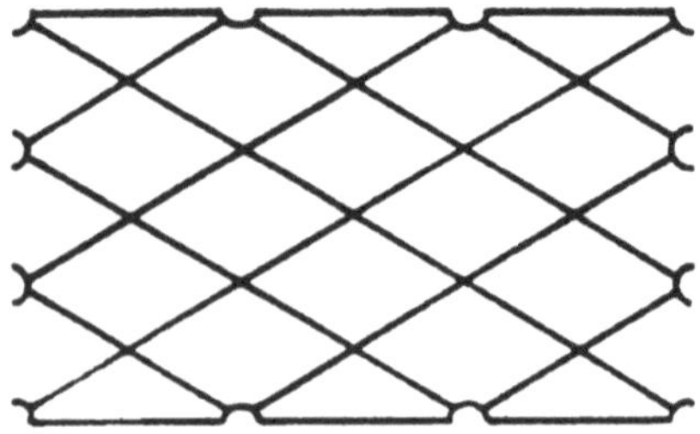

Abb.62
Rautengewölbe
voûte en treillis losangé

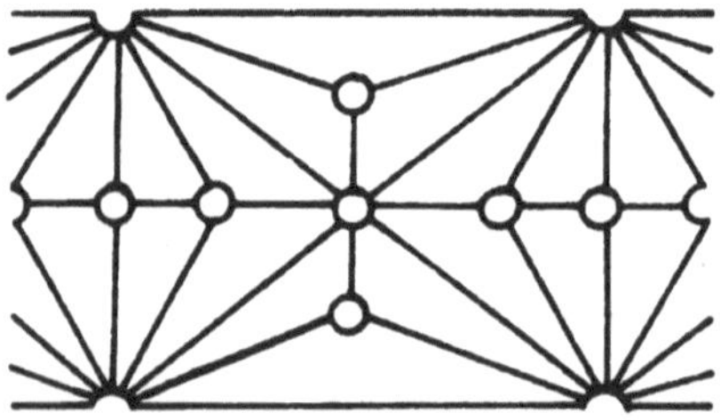

Abb.63
Scheitelrippengewölbe
voûte à grande lierne

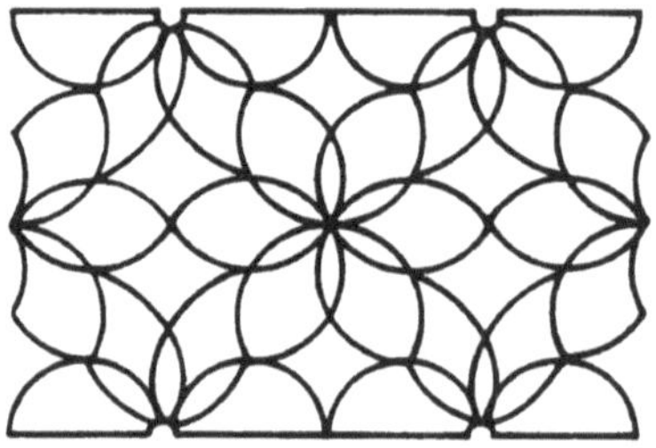

Abb.64
Schleifensterngewölbe
voûte en étoiles curvilignes

Radialrippengewölbe*n: Gewölbe mit radial von einem Zentrum ausgehenden Rippen; z.B. in der Pfarrkirche von Fontaines-en-Sologne (Loir-et-Cher); → Radialrippe. - sic Abb.137

voûte à nervures rayonnantes f, ~ d'ogives à quartiers rayonnants

Rautengewölbe*n, Rautennetzgewölbe n: Netzgewölbe mit rhombenförmigen Fachen. - Abb.62

voûte en treillis losangé f, ~ à résilles losangées

Scheitelrippengewölbe*n: Gewölbe mit durchlaufender → Scheitelrippe. - Abb.63

voûte à grande lierne (continue) f, ~ à nervure faîtière (continue), ~ à nervure sommitale (continue)

Schleifensterngewölbe*n: aus → Schwingrippen gebildetes Sterngewölbe. - Abb.64

voûte en étoiles curvilignes f

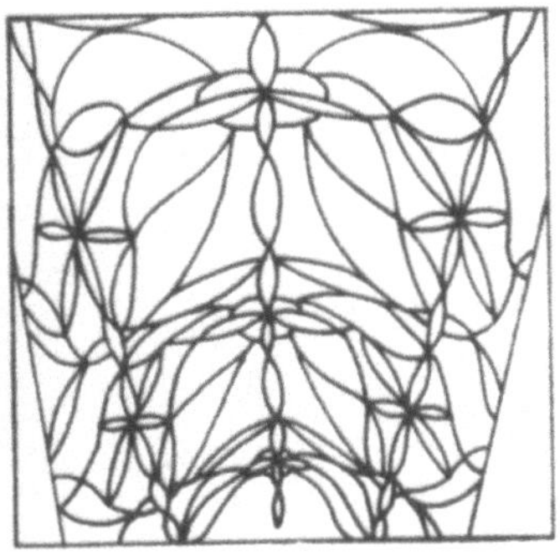

Abb.65
Schwingrippengewölbe
voûte à nervures curvilignes

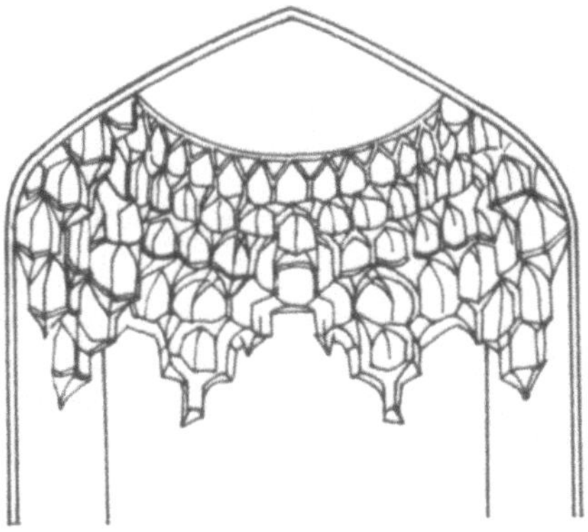

Abb.66
Stalaktitengewölbe
voûte à stalactites

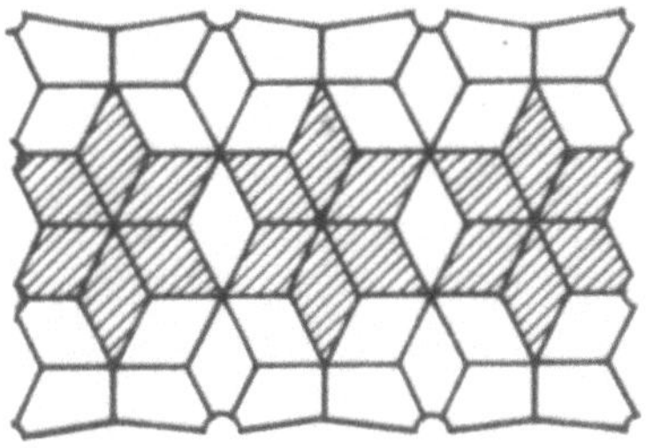

Abb.67
Sternnetzgewölbe
voûte réticulée en étoiles

Schwingrippengewölbe*n, auch Bogenrippengewölbe n: Netzgewölbe mit → Schwingrippen und gegebenenfalls auch → Schlingrippen; z.B. im Wladislawsaal der Prager Burg. - Einige Autoren unterscheiden hiervon noch das Schlingrippengewölbe, d.h. ein Gewölbe mit ineinander verflochtenen Schwingrippen; → Zweischichtengewölbe, → gewundene Reihung.
- Abb.65
voûte à nervures curvilignes f

Stalaktitengewölbe*n, auch Muqarnasgewölbe n: mit Nachbildungen von Tropfsteinen dekoriertes Gewölbe; z. B. in der Alhambra zu Granada; → Stalaktit.
Abb. 66
voûte à stalactites f

Sternnetzgewölbe*n: Netzgewölbe, das in seinem Muster → Sterne zeigt.
- Abb. 67
voûte réticulée en étoiles f, ~ en treillis à étoiles

Ziersterngewölbe n: Sterngewölbe ohne tragendes Rippenwerk; → Zierrippe.
voûte en étoiles décoratives f

Zierrippengewölbe n: Gewölbe ohne tragendes Rippenwerk; → Ziergewölbe, → Zierrippe.
voûte à nervures décoratives f

Zweischichtengewölbe n: figuriertes Gewölbe mit schwebenden Rippen, die gewissermaßen in einer zweiten Schicht die an der Leibung anliegenden Rippen überlagern; zu unterscheiden vom mehrschichtigen Gewölbe; → Schwingrippengewölbe.
voûte à nervures (adossées et) pendantes f

3. GEWÖLBEARTEN[1)]
TYPES DES VOUTES

Doppelgewölbe*n: aus zwei selbständig gemauerten Wölbschalen bestehendes Gewölbe, meist eine → zweischalige Kuppel; teilweise auch als Bezeichnung für ein Kompositgewölbe gebraucht. - sic Abb.102
voûte double f, ~ doublée, deux voûtes superposées f pl

Durchdringungsgewölbe*n: Gewölbe, das entsteht, wenn zwei oder mehrere Gewölbe sich kreuzen oder ineinander übergehen und dabei eine neue Form ausbilden, z.B. das Kreuzgewölbe; im Gegensatz zum einfachen Gewölbe; → Kompositgewölbe, → Durchdringung. - sic Abb.45
voûtes à pénétrations f pl

[1)] Benennungen nach Verwendungszweck, Lage im Bau, Konstruktionsart und Material.

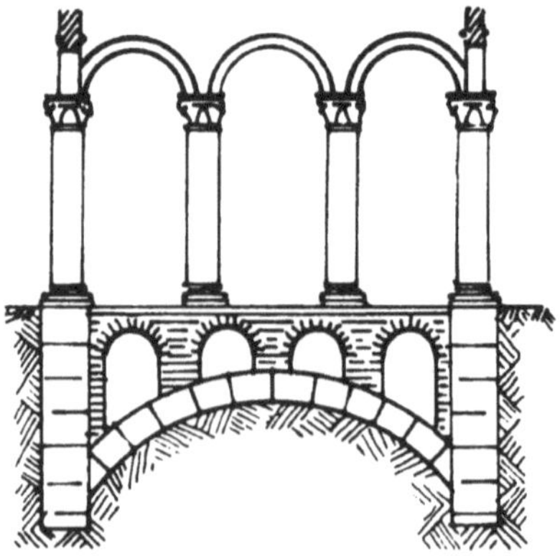

Abb.68
Fundamentgewölbe
voûte de soubassement

Entlastungsgewölbe n: Nebengewölbe, das einem anderen Gewölbe - meist dem Hauptgewölbe - Lasten abnimmt; → Verstärkungsgewölbe.
voûte de décharge f

Flüstergewölbe n, Klanggewölbe n, Schallgewölbe n, auch Sprachgewölbe n, Echogewölbe n: Wölbung, deren - meist elliptische - Begrenzungen so angelegt sind, daß ein leise gesprochenes Wort an entfernter Stelle im Raum deutlich hörbar wird.
voûte à écho f, ~ accoustique

Fundamentgewölbe*n, Grundgewölbe n, Gründungsgewölbe n: unter der Erdgleiche liegendes Gewölbe; zu unterscheiden vom Gegengewölbe und vertikalen Gewölbe; → Fundamentbogen (G1A 3). - Abb. 68
voûte de soubassement f

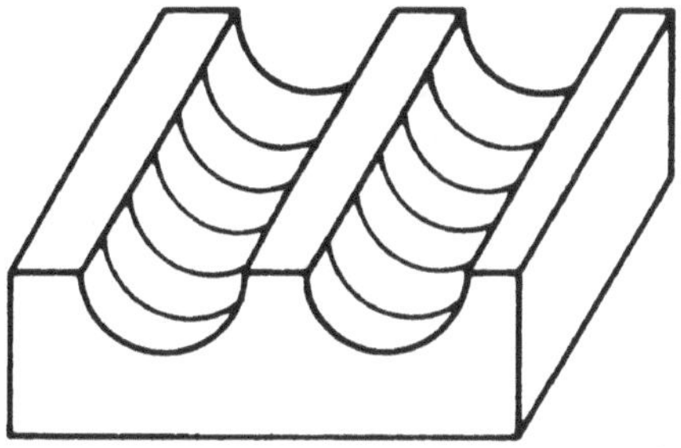

Abb.69
Gegengewölbe
berceau renversé

Gegengewölbe*n, Erdgewölbe n, umgekehrtes Gewölbe n, verkehrtes Gewölbe n: meist tonnenförmiges Fundamentgewölbe mit nach unten gerichteter Wölbung; eine Konstruktion, die bei nicht sehr tragfähigem Untergrund verwendet wird, um etwa bei hohem Grundwasserstand ein Hochtreiben der Kellersohle durch den Wasserdruck zu verhindern; z.B. unter dem Turm des Ulmer Münsters; zu unterscheiden vom Fundamentgewölbe; → horizontales Gewölbe, → vertikales Gewölbe, → Erdbogen (G1A 3). - Abb.69
(voûte f en) berceau renversé m, auch contre-voûte f

Erdkappe f: Gewölbekappe eines Gegengewölbes, meist in Form einer flachen zylindrischen Kappe oder Klosterkappe mit 1/10 - 1/15 Stich, in Ziegeln gemauert oder in Stampf- bzw. Stahlbeton ausgeführt.
voûtain renversé m

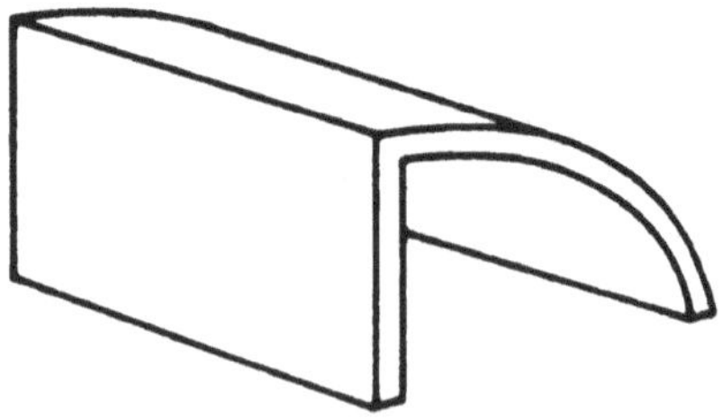

Abb.70
einschenkliges Gewölbe
demi-voûte

Gewölbe, einfaches n: Gewölbe, dessen Konstruktion auf einer stereometrischen Grundform wie Zylinder und Kegel beruht; → Durchdringungsgewölbe, → Kompositgewölbe.
voûte simple f

Gewölbe*, einschenkliges n: nur einseitig vom Gewölbefuß bis zum Scheitel aufgeführtes Gewölbe, z.B. die Halbtonne; zu unterscheiden vom Horngewölbe; → Halbbogen (GlA 3). - Abb. 70 (hier als Halbtonne, ici un demi-berceau)
demi-voûte f

Gewölbe*, falsches n, Scheingewölbe n, Pseudogewölbe n, unechtes ~, auch fingiertes ~: Gewölbe, das nicht mit Wölbsteinen gespannt ist; im Gegensatz zum echten Gewölbe; → falsche Kuppel. - Abb.71
fausse-voûte f

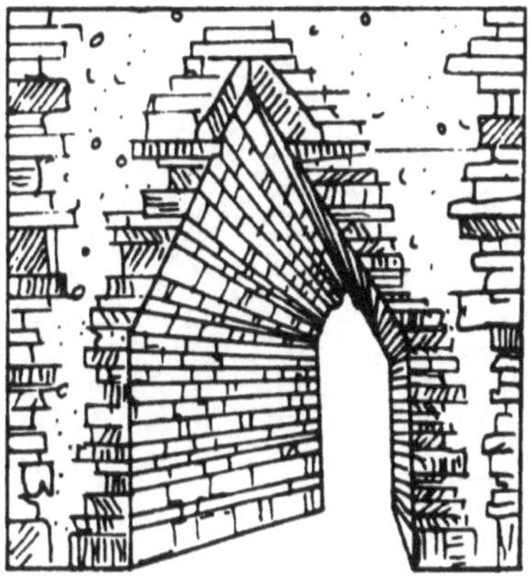

Abb.71
falsches Gewölbe
fausse-voûte

noch falsches Gewölbe

Bruchsteingewölbe n, Plänergewölbe n: falsches Gewölbe aus unbehauenen, in flüssigen Mörtel gebetteten Steinen.
voûte en blocage f, ~ en moellons

Gewölbe, gestemmtes n: → gestemmte Kuppel.
voûte en poutres courbes f, ~ en poutres dallées, ~ en linteaux échancrés

Gußgewölbe n: auf Schalung gegossenes falsches Gewölbe aus Beton, Gußmörtel u.a.
voûte coulée (sur cintre) f, ~ construite par concrétion

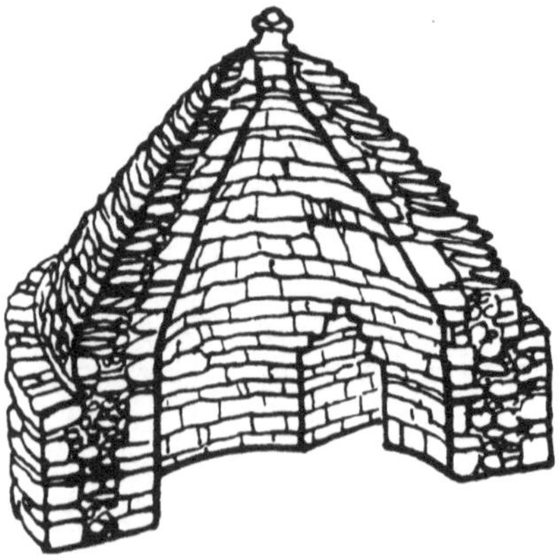

Abb.72
Kegelgewölbe
cône en tas de charge

noch falsches Gewölbe

Kegelgewölbe*n, Kegelhelm m, auch Dreiecksgewölbe n, umgekehrtes Trichtergewölbe n: Kraggewölbe in Form eines Kegels; zu unterscheiden vom Dreiecksgewölbe als Gewölbeform. - Abb.72
(voûte f en) cône en tas de charge m, voûte conique en tas de charge f

Kraggewölbe n, auch Kragsteingewölbe n: aus Kragsteinen errichtetes falsches Gewölbe; → Kragbogen (GlA 3).
voûte en tas de charge f, ~ en encorbellement

Pyramidengewölbe n: spitz zulaufendes Kraggewölbe über mehreckiger Grundfläche.
voûte pyramidale f

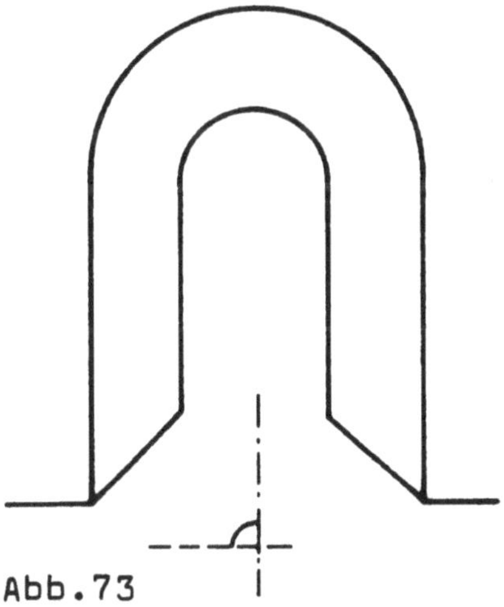

Abb.73
gerades Gewölbe
voûte droite

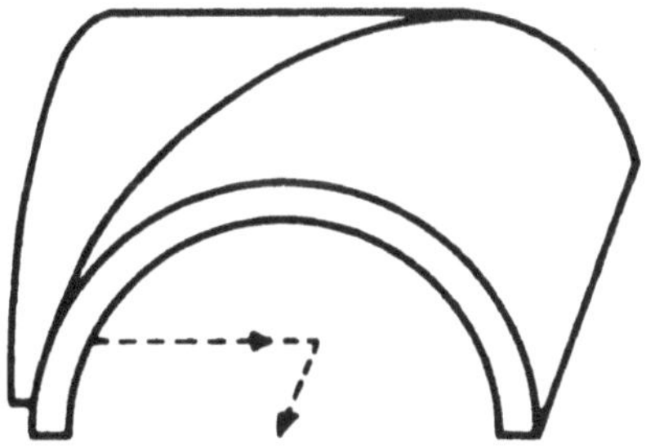

Abb.74
gewinkeltes Gewölbe
voûte à axe coudé

Gewölbe*, gerades n: Gewölbe, dessen Achse im rechten Winkel zur Horizontalprojektion seines Stirnbogens verläuft; → schiefes Gewölbe, → gewinkeltes Gewölbe. - Abb.73
voûte droite f, ~ à axe droit

Gewölbe*, gewinkeltes n, geknicktes ~: Gewölbe mit abgewinkelt verlaufender Achse; → schiefes Gewölbe, → gerades Gewölbe. - Abb.74
voûte à axe coudé f

Gewölbe*, horizontales n: Gewölbe mit waagrecht verlaufender Achse; → steigendes Gewölbe, → vertikales Gewölbe. - sic Abb.45
voûte horizontale f, ~ à axe horizontale

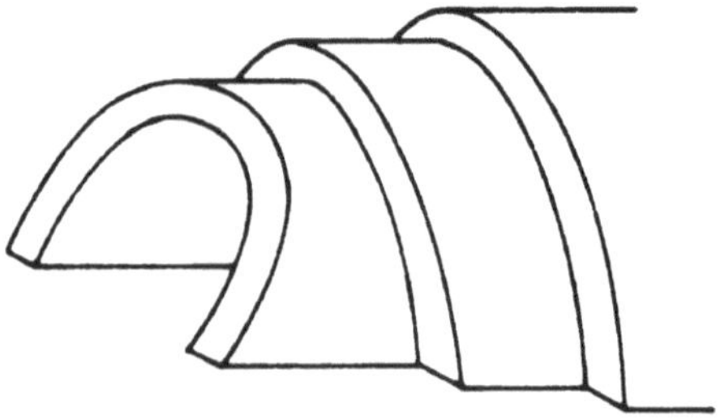

Abb.75
dreischichtiges Gewölbe
voûte à trois rangs de voussoirs

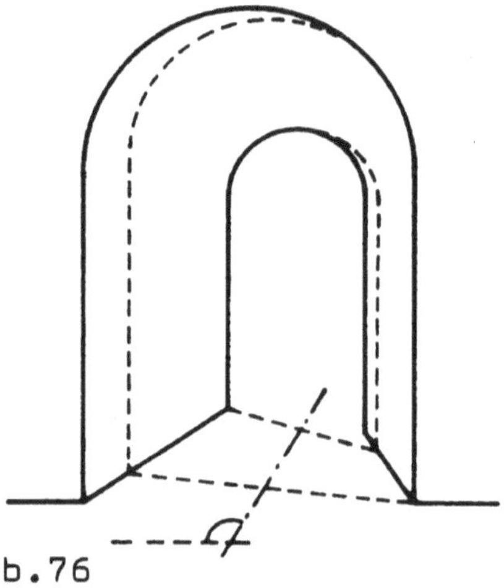

Abb.76
schiefes Gewölbe
voûte biaise

Gewölbe, mehrschichtiges n: Gewölbe, das aus mehreren übereinander gelagerten Wölbschichten zusammengesetzt ist; zu unterscheiden vom Zweischichtengewölbe.
voûte à plusieurs rangs de voussoirs (superposés) f

Gewölbe*, dreischichtiges n - Abb.75
voûte à trois rangs de voussoirs (superposés) f

Gewölbe*, schiefes n, schräges ~: Gewölbe, dessen Achse schräg zur Horizontalprojektion der Stirn (bzw. des vorderen und hinteren Stirnbogens) verläuft; es verlangt einen besonderen, schrägen Fugenschnitt; → gerades Gewölbe, → gewinkeltes Gewölbe. - Abb.76
voûte biaise f, ~ à axe biais

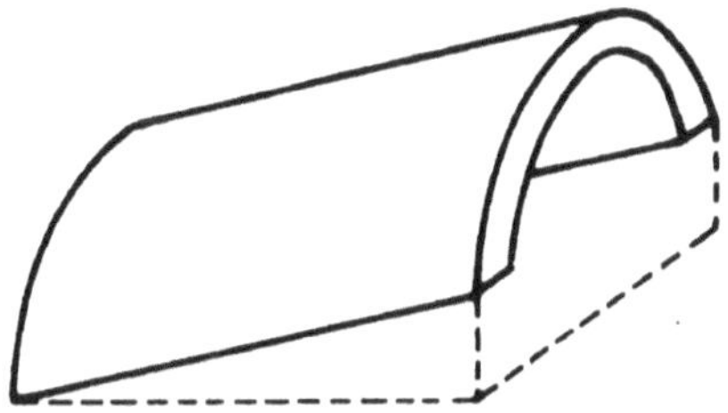

Abb.77
steigendes Gewölbe
voûte inclinée

Gewölbe*, steigendes n, ansteigendes ~, auch abhängiges ~, geneigtes ~: Gewölbe mit aufsteigender Achse und parallelen Widerlags- und Scheitellinien, z.B. das Schneckengewölbe über einer Wendeltreppe; im Mittelalter oft als Gurtengewölbe errichtet; zu unterscheiden vom Horngewölbe; → horizontales Gewölbe, → vertikales Gewölbe, → Gewölbe mit steigendem Rücken. - Abb.77
voûte inclinée f

Gewölbe*, tragendes n, Traggewölbe n: Gewölbe, das in erster Linie eine stützende Funktion hat, z.B. das Schneckengewölbe unter einer Wendeltreppe oder die Trompe. - sic Abb.40
voûte-support f

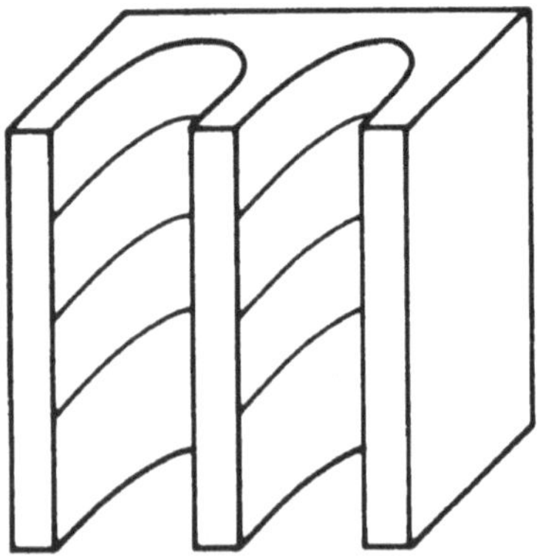

Abb.78
vertikales Gewölbe
berceau vertical

Gewölbe*, vertikales n: tonnenförmiges Fundamentgewölbe, dessen Achse senkrecht verläuft und dessen Wölbung seitwärts gerichtet ist; eine bei Terrassierungen verwendete Gewölbeart; → horizontales Gewölbe, → Gegengewölbe, → steigendes Gewölbe. - Abb.78
(voûte f en) berceau vertical m

Gurtengewölbe*n: Gewölbe, das aus kurzen aneinandergesetzten Gewölben, den sogenannten "Gurten" oder "Zonen" besteht; es ist vielfach abgetreppt; z.B. in der Burg Alter do Chão/Palencia; zu unterscheiden vom Gurtgewölbe. - Abb.79 und 80
(voûte f en) berceau appareillé en rouleaux m

Gurtengewölbe*, abgetrepptes n - Abb.79 und 80
(voûte f en) berceau appareillé en rouleaux à ressauts m

Gurte, gereihte m pl
rouleaux accolés m pl

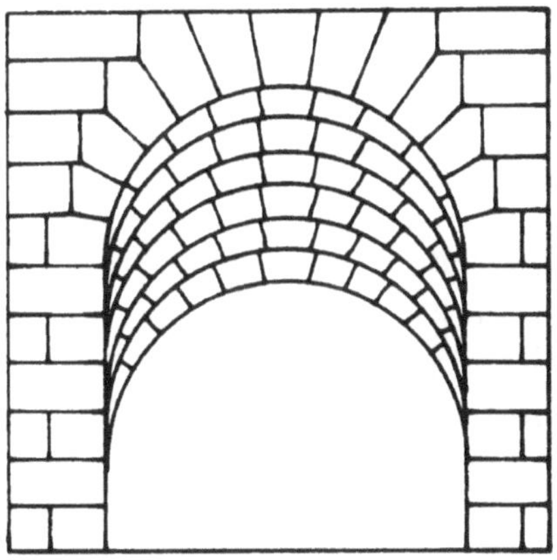

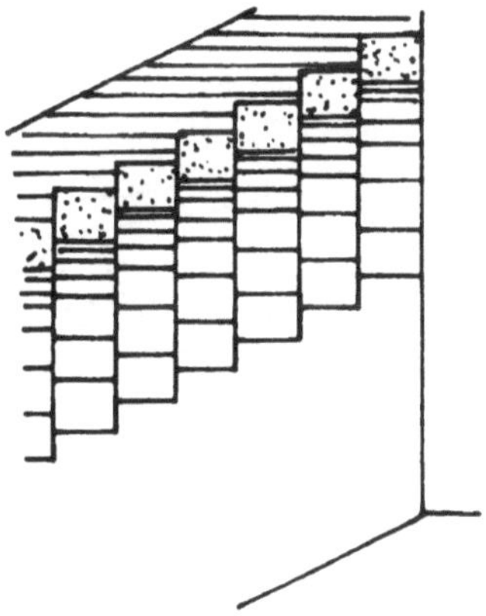

Abb.79 und 80
abgetrepptes Gurtengewölbe
berceau appareillé en rouleaux
à ressauts

Abb.80
Profilschnitt
vue en profil

noch Gurtengewölbe

Gurte, gestaffelte m pl
rouleaux superposés m pl

Gurte, profilierte m pl
rouleaux à ressauts m pl

Hauptgewölbe*n: Gewölbe, das neben anderen eine dominierende Stellung einnimmt; → Nebengewölbe, → Teilgewölbe, → Kompositgewölbe. - sic Abb.45
maîtresse-voûte f, auch voûte principale f

Längstonne f: Tonne, deren Achse parallel zur Längsachse des Bauwerkes verläuft.
(voûte f en) berceau longitudinal m

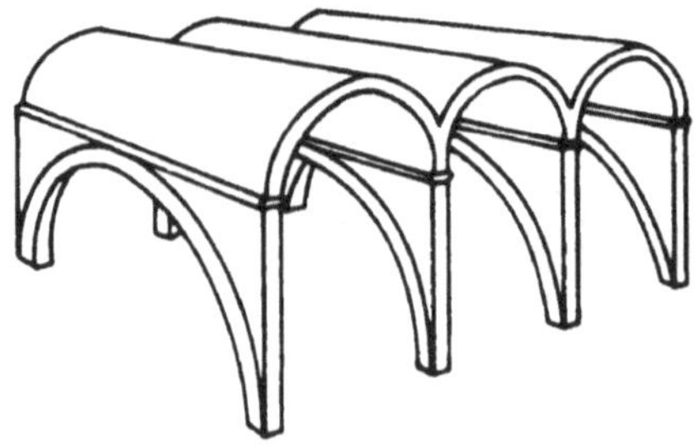

Abb.81
Quertonne
berceau transversal

Nebengewölbe*n: Gewölbe von untergeordneter Bedeutung, z.B. das Entlastungsgewölbe; → Hauptgewölbe, → Teilgewölbe. - sic Abb.45
voûte secondaire f

Quertonne*f: quer zur Längsachse des Bauwerkes liegendes Tonnengewölbe. - Abb.81
(voûte f en) berceau transversal m

Topfgewölbe*n, Vasengewölbe n, auch Tongewölbe n: leichtes Gußgewölbe, in das → Gewölbetöpfe eingefügt sind, die nebeneinander gelegt oder ineinander gesteckt werden. - Abb.82
voûte en poterie f, ~ à drains de poterie emboîtés

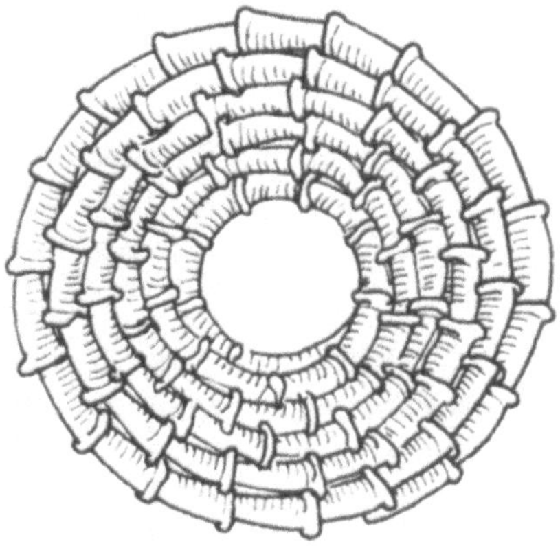

Abb.82
Topfgewölbe
voûte en poterie

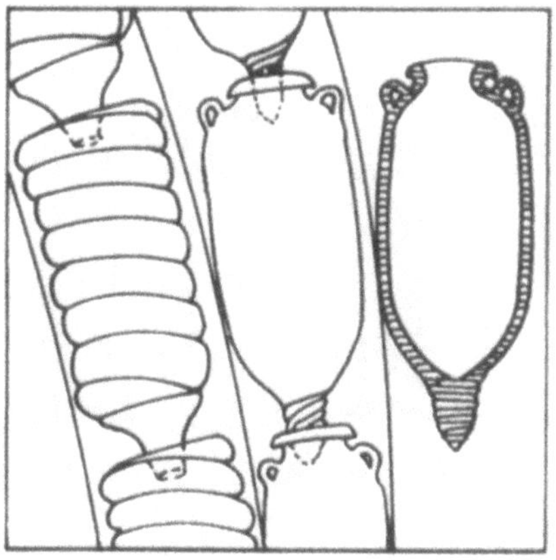

Abb.82a
Gewölbetopf
drain de poterie

noch Topfgewölbe

Gewölbetopf*m, Gewölbevase f: tönerner Hohlkörper in Gefäßform.
- Abb.82a
drain de poterie m

Verstärkungsgewölbe n: Nebengewölbe, das ein anderes Gewölbe bei der Aufnahme großer Lasten unterstützt; → Entlastungsgewölbe.
voûte de renfort f

Wallgewölbe n, auch Kasemattengewölbe n: Fundamentgewölbe im Wall einer Befestigungsanlage.
voûte de rempart (casematé) f

Abb.83
Kuppel
coupole

1	Tambour	tambour
2	Kugelkuppel	coupole hémisphérique
3	Kuppelscheitel	sommet de coupole
	Scheitelpunkt	point sommital
4	Kuppelkappe	voûtain
5	Kuppelfenster	fenêtre de coupole
6	Kranzgesims	corniche
7	Tambourfenster	fenêtre de tambour
8	Kuppeltragwerk	support de coupole

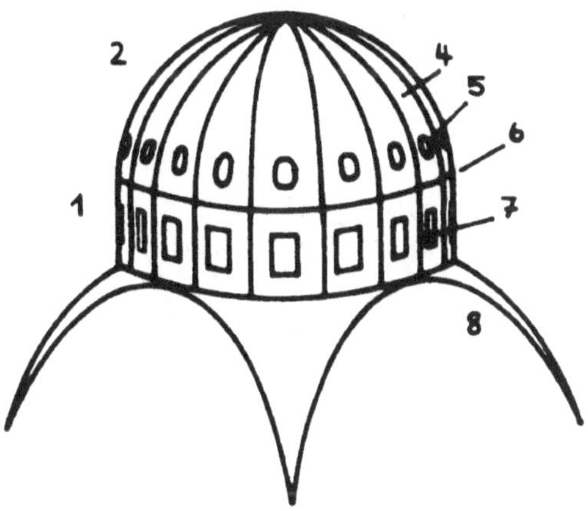

4. <u>KUPPELFORMEN</u>[1]
<u>FORMES DES COUPOLES</u>

<u>Kuppel</u>*f[2], auch <u>Kuppelgewölbe</u> n: sphärisches Gewölbe über einem Zentralraum, dessen Wölbflächen sich in einem Scheitelpunkt vereinen, und das sich vom übrigen Bauwerk durch sein Volumen, seine Höhe und Profilierung deutlich absetzt. Grundfläche und Gewölbelinie zeigen die verschiedensten Formen. Die Norm ist eine Kuppel mit halbkreisförmiger Gewölbelinie über kreisförmiger Grundfläche; → Kugelkuppel. Meist werden vier Hauptformen

[1] Einschließlich der Sonder- und Zierformen.

[2] Der Terminus Kuppel wird oft auch bei Bauteilen verwendet, die im engeren Sinne keine Kuppeln sind (z.B. beim Klostergewölbe) oder die nicht mit Wölbsteinen gespannt worden sind (z.B. Schalenkuppeln, Holz- und Stahlbetonkuppeln, Kuppeldächer und Hauben).

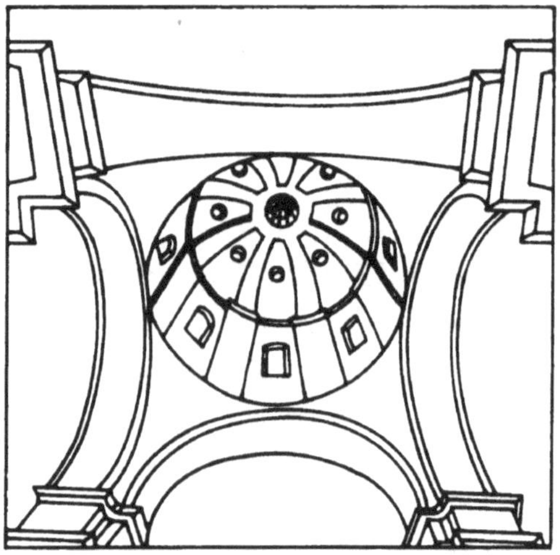

Abb.84
Kuppel
coupole

noch Kuppel

unterschieden: die Kuppel über geschlossenem Widerlager (oft eine Tambourkuppel), die Hängekuppel, die Pendentifkuppel und die Trompenkuppel. - Abb.83 (hier als Tambourkuppel, ici une coupole à tambour) und Abb.84 (hier als offene Kuppel, ici une coupole à baies)
coupole f; nur das Äußere der Kuppel dôme m

Faltkuppel*f, gefaltete Kuppel f: Kuppel, deren Leibung und teilweise auch Rücken faltenförmig sind; eine islamische Form von Kuppeln, Konchen und Nischengewölben; z.B. die Leibung der Moschee Bayezid Pascha in Amasya und der Rücken der Kuppel von Marmaschen in Armenien; → Schirmkuppel, → Vielpaßkuppel. - Abb.85
coupole plissée f, auch ~ (conique) arménienne

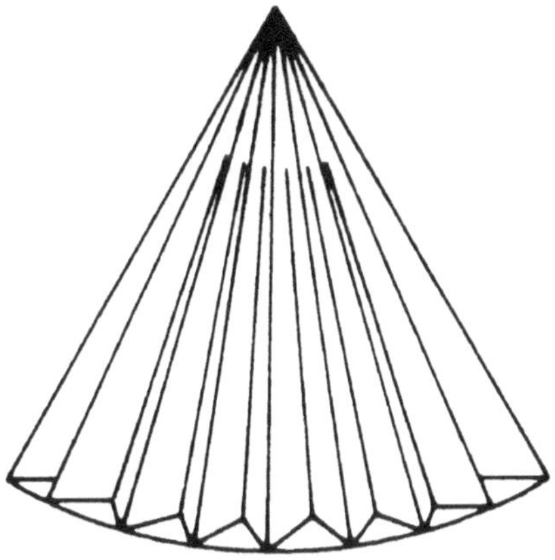

Abb.85
Faltkuppel
coupole plissée

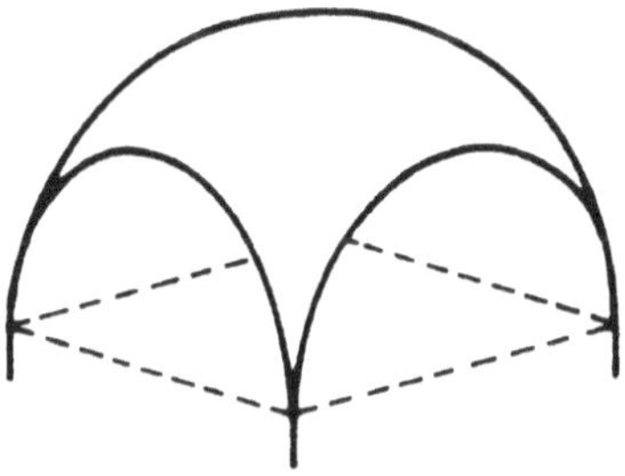

Abb.86
Hängekuppel
coupole suspendue

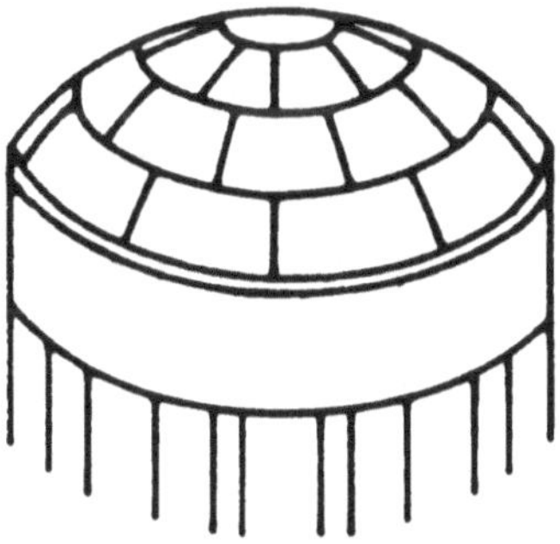

Abb.87
Kalotte
calotte

Flachkuppel f: Kuppel, deren Gewölbehöhe geringer ist als der Halbmesser ihrer Grundfläche; im Barock entstehen ellipsoide, sich durchdringende Flachkuppeln; → Steilkuppel, → Kalotte.
coupole surbaissée f, ~ aplatie

Hängekuppel*f, volles Platzel n (österr.): an den Seiten gestutzte Kugelkuppel, deren Anfänger auf den Ecken des ihrem Fußkreis einbeschriebenen Grundquadrates bzw. Rechteckes ruhen; die Randbogen sind Rundbogen; → Böhmische Kappe, → Stutzkuppel. - Abb.86
coupole suspendue f, calotte en pendentifs f

Kalotte*f, Kugelkappe f, auch Segmentkugelkappe f, Stichkugelgewölbe n: Kuppel mit der Gewölbelinie eines Kugelabschnittes; → Kugelkuppel.
- Abb.87
(voûte f en) calotte f, auch (~ en) segment sphérique m

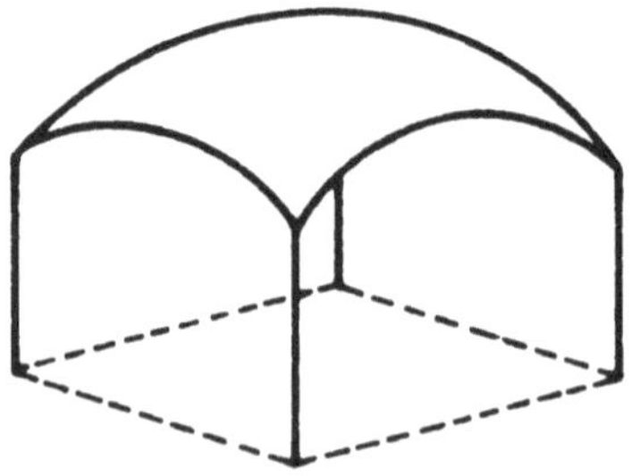

Abb.88
Böhmische Kappe
calotte bohémienne

noch Kalotte

Kreuzgratgewölbe mit Kalotte n: Kreuzgewölbe mit Graten im Gewölbeanfall, die sich jedoch im Übergang zur bekrönenden Kalotte verlieren.
voûte d'arêtes à calotte f

Pfaffenmütze f: Klostergewölbe mit Kehlen im Gewölbeanfall, die sich jedoch im Übergang zur bekrönenden Kalotte verlieren.
voûte en arc-de-cloître à calotte f, ~ en bonnet de prêtre

Kappe*, Böhmische f, Böhmisches Kappengewölbe n, flaches Platzel n (österr.): gestutzte Kugelkuppel, deren Fußkreis außerhalb der Ecken des überwölbten, meist quadratischen oder rechteckigen Raumes liegt; die Randbogen sind Segmentbogen; → Hängekuppel, → Preußische Kappe, → Stutzkuppel, → Kappengewölbe. - Abb.88
calotte bohémienne f

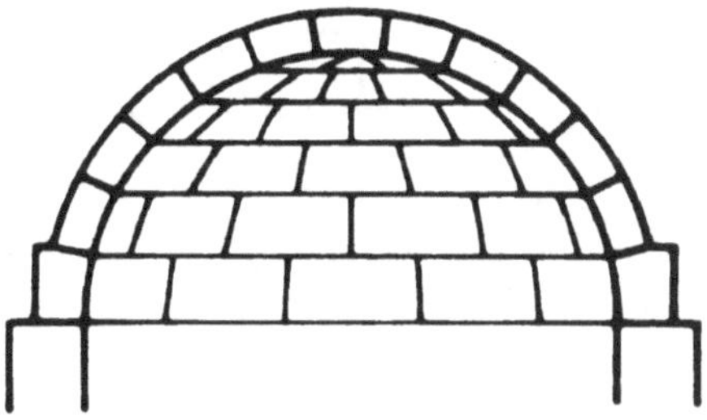

Abb.89
Konche
cul-de-four plein-cintre

Kassettenkuppel f: von Kassetten gegliederte Kuppel; z.B. im Pantheon zu Rom; → Kassettengewölbe.
coupole à caissons f

Konche*f: Halbkuppel mit verschiedenartiger, meist rundbogiger Gewölbelinie, im allgemeinen über halbkreisförmigem Grundriß. - Abb.89
(voûte f en) cul-de-four m, auch conque f; präzisierend z.B. rundbogige K.
(~ en) cul-de-four en plein-cintre, (~ en) cul-de-four en quart-de-sphère

Konche, eckige f: über mehreckiger Grundfläche errichtete Konche.
(voûte f en) cul-de-four polygonal m

Konche, halbe f: Konche über viertelkreisförmiger Grundfläche.
(voûte f en) demi-cul-de-four m, demi-conque f

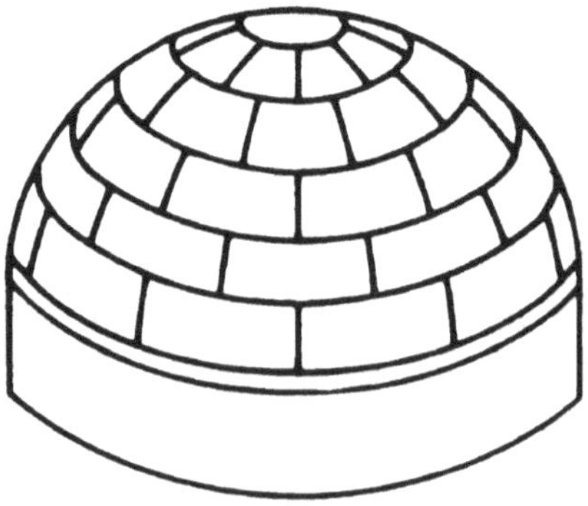

Abb.90
Kugelkuppel
coupole hémisphérique

Kugelkuppel*f, Kugelgewölbe n, auch Halbkugelkuppel f: Rundkuppel mit halbkreisförmiger Gewölbelinie; → Kalotte, → Konche. - Abb.90
coupole hémisphérique f, ~ circulaire en plein-cintre

Kuppel, elliptische f, auch Ellipsenkuppel f: Kuppel über elliptischer Grundfläche; zu unterscheiden von Ovalkuppel und Kesselgewölbe; → elliptisches Gewölbe.
coupole (de plan) elliptique f

Kuppel, gekappte f: Kuppel mit abgestumpfter Spitze.
coupole tronquée f

Kuppel*, geschlossene f: Kuppel, deren Leibung allseits bis zur Widerlagslinie herabreicht, z.B. die Tambourkuppel; → offene Kuppel, → geschlossenes Gewölbe. - sic Abb.96
coupole (à retombées) sans baies f

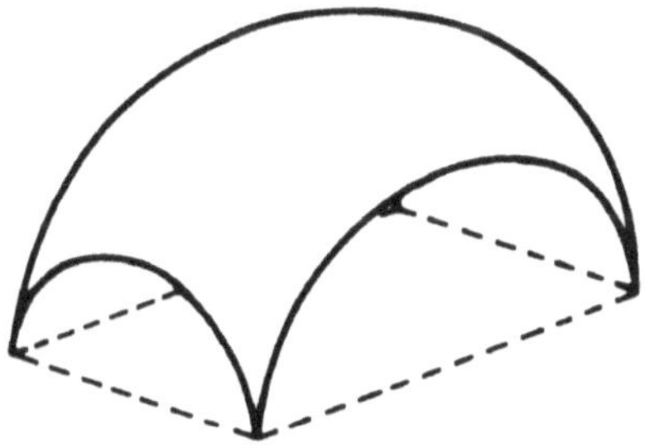

Abb.91
offene Kuppel
coupole à baies

Kuppel, gestelzte f: Kuppel, deren Tragwerk senkrecht über das Kämpfergesims hinaus bis zum Beginn der Gewölbelinie weitergeführt ist; → Tambourkuppel, → gestelzter Bogen (GlA 3); z.B. die Kuppel von San Giovanni degli Eremiti in Palermo.
coupole surélevée f

Kuppel, kleine f
coupolette f

Kuppel*, offene f: Kuppel, deren Leibung durch Bogen geöffnet ist, z.B. die Hängekuppel; → geschlossene Kuppel, → offenes Gewölbe. - Abb.91 (hier als Hängekuppel über Rechteck, ici une coupole suspendue sur plan rectangulaire)
coupole à baies f, ~ percée de baies

Lanzettkuppel f: Kuppel mit einer Gewölbelinie in Form eines → Lanzettbogens (GlA 3); z.B. der Turm am Rathenower Tor zu Brandenburg; → Spitzkuppel, → Steilkuppel.
coupole en lancette f

Laternenkuppel*f: von einer → Laterne bekrönte Kuppel. - sic Abb.96 und 97
coupole à lanterne f

Lotoskuppel f: im unteren Teil ausgebauchte Spitzkuppel in Form der den Jndern heiligen Lotosblüte.
coupole lotiforme f, ~ en fleur de lotus

Ovalkuppel f: Kuppel mit ovalem, d.h. ungleichmäßigem, eiförmigem Grundriß; zu unterscheiden von der elliptischen Kuppel; - bei einigen Autoren ist eine Kuppel mit ovaler Gewölbelinie gemeint.
coupole (de plan) oval(e) f

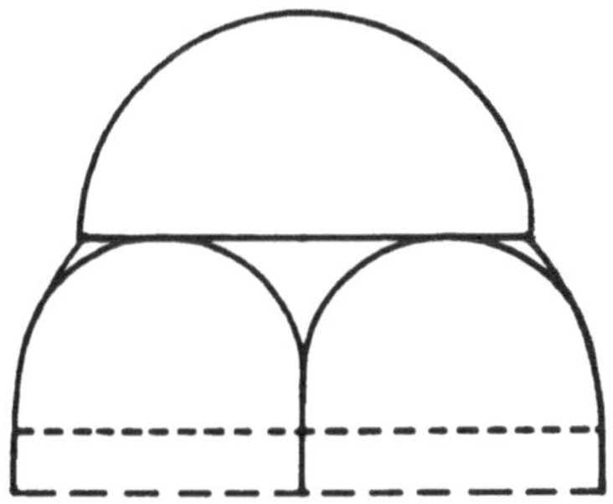

Abb.92
Pendentifkuppel
coupole sur pendentifs

Pendentifkuppel*f, ungenau auch Zwickelkuppel f: von → Pendentifs getragene Kuppel; z.B. die zehnkappige Rippenkuppel des sogenannten Tempels der Minerva Medica in Rom; → Trompenkuppel. Die Gewölbelinie der Pendentifs ist entweder die gleiche wie die der Kuppel
coupole en pendentifs f
oder aber von ihr unterschieden. - Abb.92 (hier als Byzantinische Kuppel, ici une coupole byzantine)
coupole sur pendentifs f, ~ à pendentifs courbes

Kuppel, Aquitanische f: Kuppel auf Pendentifs, die mit einer Einziehung versehen sind[1]; z.B. in der Kathedrale von Angoulême; → Domikalgewölbe.
coupole d'Aquitaine (sur pendentifs) f

[1] Rey, S.47

noch Pendentifkuppel

Kuppel*, Byzantinische f, auch Byzantinerkuppel f: geschlossene Kugelkuppel oder Kalotte über abgekappter Hängekuppel bzw. flachen Pendentifs. - sic Abb.92
coupole byzantine f, calotte sur pendentifs f, ~ hémisphérique sur pendentifs

Rippenkuppel*f: Kuppel mit einem Traggerüst aus Rippen, in das die lastende Wölbschale mit ihrem Füllmauerwerk eingespannt ist; z.B. in den Diokletiansthermen zu Rom; → Massivkuppel. - sic Abb.83
coupole à nervures (portantes) f, ~ nervurée

Rundkuppel f, auch Kreiskuppel f: Kuppel auf kreisförmiger Grundfläche; → Kugelkuppel.
coupole circulaire f

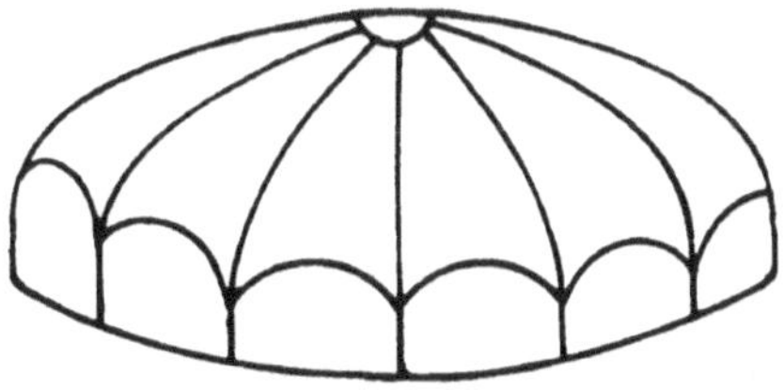

Abb.93
Schirmkuppel
coupole ombelliforme

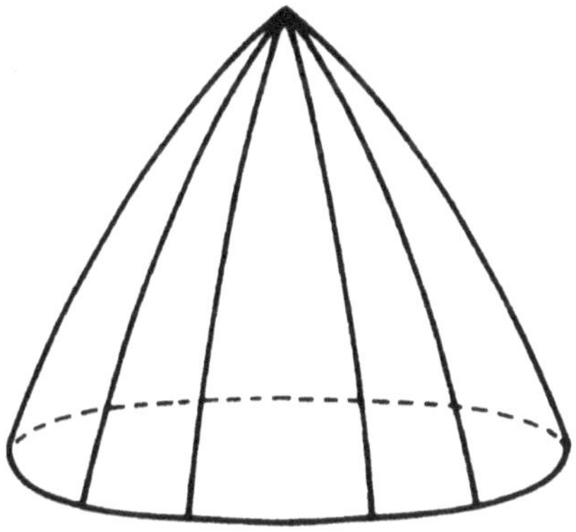

Abb.94
Spitzkuppel
coupole brisée

Schirmkuppel*f, Schirmgewölbe n, Segelkuppel f: Flachkuppel auf fächerförmigem Grundriß mit gebusten Kappen, die den Eindruck geblähter Segel vermitteln; z.B. die Kuppel der Alten Sakristei von San Lorenzo in Florenz; zu unterscheiden vom Fächergewölbe; → Vielpaßkuppel, → Faltkuppel. - Abb.93
coupole ombelliforme f, calotte à voûtains bombés f

Spitzkuppel*f: Kuppel mit spitzbogiger Gewölbolinie; zu unterscheiden von der Steilkuppel; → Lanzettkuppel. - Abb.94
coupole brisée f, auch ~ pointue

Steilkuppel f, auch Hochkuppel f, überhöhte Kuppel f: Kuppel, deren Gewölbehöhe erheblich größer ist als der Halbmesser ihrer Grundfläche, z.B. die Lanzettkuppel; zu unterscheiden von der Spitzkuppel; → Flachkuppel.
coupole surhaussée f

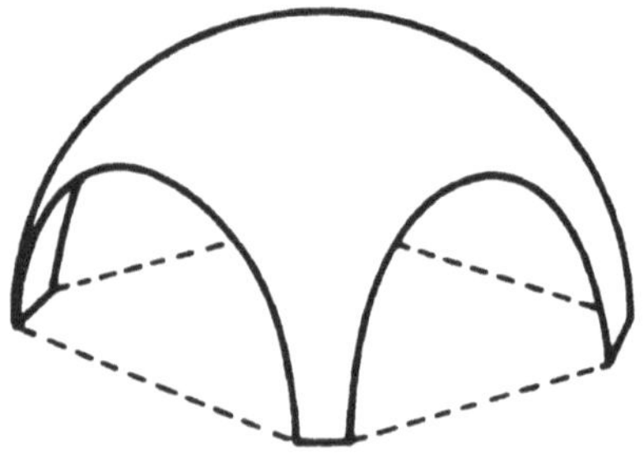

Abb.95
angeschnittene Stutzkuppel
coupole suspendue à retombées tronquées

Stutzkuppel f: Oberbegriff für eine Kuppel, deren Fußkreis über die (quadratische oder rechteckige etc.) Grundfläche des überwölbten Raumes hinausreicht und deren Gewölbeanfall an den Überschneidungsstellen mit der Grundfläche endet; an diesen Stellen spannen sich offene Bogen oder es erhebt sich eine Aufmauerung mit Schildbogen; → Hängekuppel, → Böhmische Kappe. - sic Abb.88
coupole à côtes tronquées f

Stutzkuppel*, angeschnittene f: → Hängekuppel, die sich mit einer breiten Aufstandsfläche über den Ecken ihres Grundquadrates erhebt; gleichsam eine "eingezogene" Hängekuppel, deren untere Wölbschichten weggenommen sind; → eingezogener Bogen (GlA, Faszikel 3). - Abb.95
coupole suspendue à retombées tronquées f

Tambourkuppel*f, auch Renaissancekuppel f, Trommelkuppel f: auf einem → Tambour ruhende Kuppel. - Abb.96
coupole sur tambour f, ~ à tambour, auch ~ renaissance

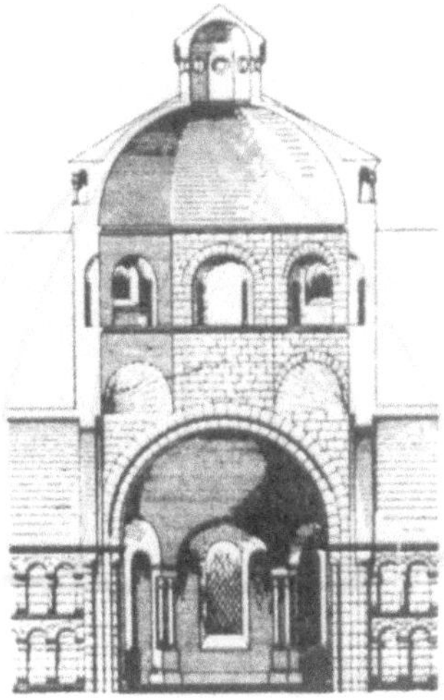

Abb.97
Trompenkuppel[2)]
coupole sur trompes

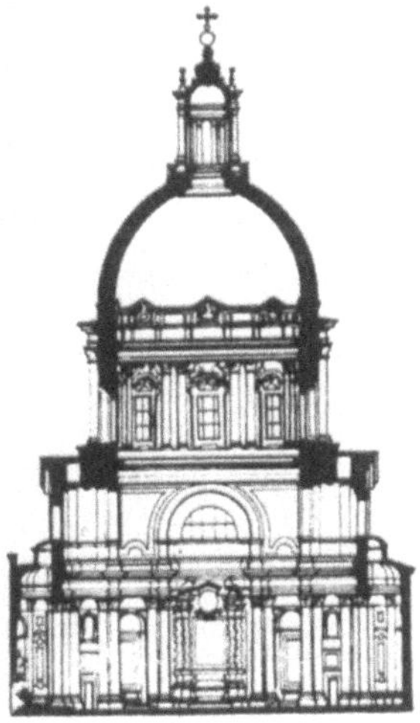

Abb.96
Tambourkuppel[1)]
coupole à tambour

Trompenkuppel*f: von → Trompen getragene Kuppel; z.B. San Vitale in Ravenna; vielfach eine achtseitige Kuppel über quadratischer Grundfläche, wobei sich über jeder Trompe eine Leibungsfläche der Kuppel erhebt; → Pendentifkuppel. - Abb.97
coupole sur trompes f

Vieleckkuppel*f, Polygonalkuppel f, auch mehrseitige Kuppel f, eckige Kuppel f: auf mehreckiger Grundfläche errichtete Kuppel; → Helm.
- sic Abb.27
coupole polygonale f

Kuppel, achtseitige f: über achteckiger Grundfläche errichtete Kuppel; z.B. die Kuppel der Caracallathermen in Rom.
coupole octogonale f, ~ à huit voûtains

1) Aus Wittkower, op. cit., S. 143

2) Aus Dehio, op. cit., 2. Tafelbd., Nr.88

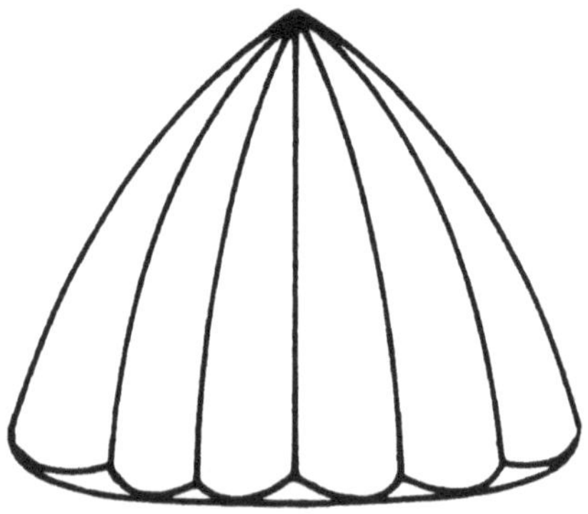

Abb.98
Vielpaßkuppel
coupole à côtes

noch Vieleckkuppel

Kuppel, sechsseitige f: über sechseckiger Grundfläche errichtete Kuppel.
coupole hexagonale f, ~ à six voûtains

Kuppel, vierseitige f: über viereckiger Grundfläche errichtete Kuppel.
coupole quadrilatérale f, ~ à quatre voûtains

Vielpaßkuppel*f, Fächerkuppel f: hohe Rundkuppel mit konvexen Kuppelkappen; z.B. die Kuppel des Mausoleums von Zobeida in Bagdad; zu unterscheiden von der Schirmkuppel und dem Fächergewölbe; → Faltkuppel. - Abb.98
coupole à côtes f, ~ côtelée

5. KUPPELARTEN[1)]
TYPES DES COUPOLES

Halbkuppel f: nur über der halben Grundfläche bis zum Scheitel aufgeführte Kuppel, z.B. die Konche.
demi-coupole f

Hauptkuppel f: Kuppel, die neben anderen wegen ihrer Größe oder Lage eine dominierende Stellung einnimmt; → Zentralkuppel, → Nebenkuppel, → Halbkuppel.
coupole principale f, maîtresse-coupole f

Hohlkörperkuppel f: Kuppel, in deren Schale Hohlkörper enthalten sind.
coupole à calotte à corps creux f, ~ à voûte à corps creux

1) Benennungen nach Verwendungszweck, Lage im Bau, Konstruktionsart und Material. Die als "Kuppeln" bezeichneten modernen Stahlskelettbauten und Flächentragwerke (z.B. Fachwerkkuppel, Prismenkuppel und Schalenkuppel) wurden in diesen Band nicht aufgenommen.

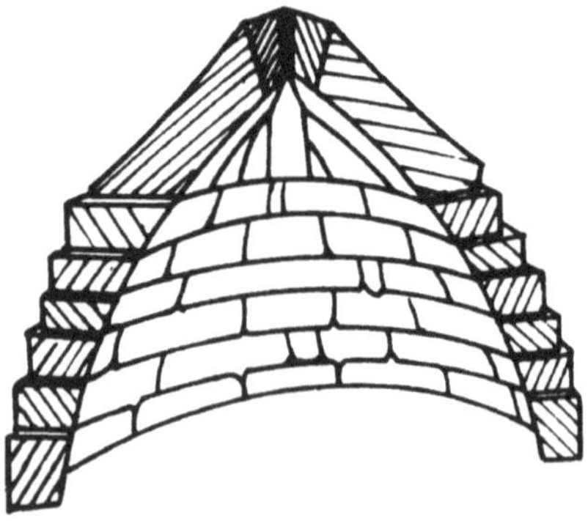

Abb.99
gestemmte Kuppel
coupole en poutres courbes

Kuppel , einschalige f: aus nur einer Schale bestehende Kuppel; → Massivkuppel, → mehrschalige Kuppel.
coupole à calotte unique f, ~ à voûte unique, ~ simple

Kuppel, falsche f, Pseudokuppel f, Scheinkuppel f, unechte ~: Kuppel, die nicht mit Wölbsteinen gespannt ist und nur im Aussehen einer Kuppel gleicht; z.B. die zehnkappige Rippenkuppel des sogenannten Tempels der Minerva Medica in Rom; → falsches Gewölbe.
fausse-coupole f

Holzkuppel f
coupole en bois f

Kuppel*, gestemmte f: falsche Kuppel, die von bogenförmigen Steinbalken oder → Bogenstürzen (GlA 3) überdeckt ist; so besitzen z.B. manche etruskische Kragkuppeln ein gestemmtes Gewölbehaupt; → Monolithkuppel. - Abb.99
coupole en poutres courbes f, ~ en poutres dallées, ~ en linteaux échancrés

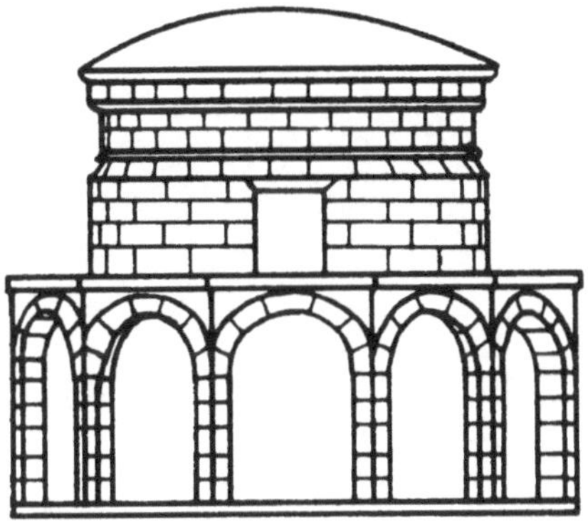

Abb.100
Monolithkuppel
coupole monolithe

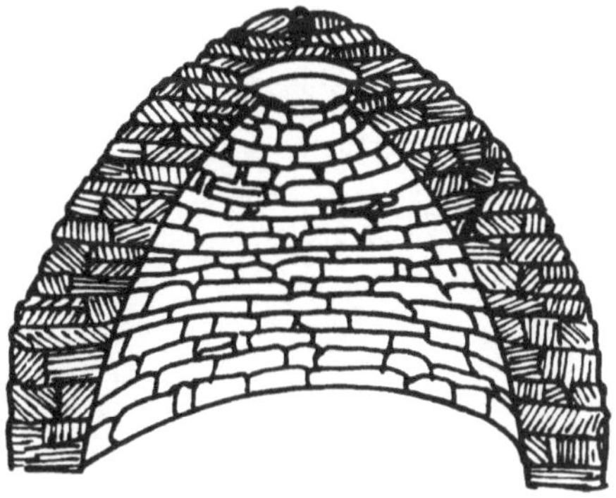

Abb.101
Kragkuppel
coupole en
tas de charge

noch falsche Kuppel

Kuppel aus Täfelwerk f
coupole en lambris f

Monolithkuppel*f: mit einem bogenförmig behauenen Monolithen bedeckte Kuppel; z.B. über dem Grabmal des Theoderich in Ravenna; → gestemmte Kuppel. - Abb.100
coupole monolithe f, dôme monolithe m

Kragkuppel*f, auch Überkragungskuppel f: aus Kragsteinen errichtete Kuppel, wie das Tholosgewölbe, die etruskische Kuppel, die Trulli, Talaioten und Nuraghen oder die Kuppelgräber; z.B. das "Schatzhaus des Atreus" in Mykene; → Kraggewölbe. - Abb.101
coupole en tas de charge f, ~ en encorbellement

Zwiebelkuppel f: falsche Kuppel mit kielbogenförmiger Gewölbelinie; z.B. über der Kirche St. Johann Baptist in Westerndorf/Oberbayern; auch als Bezeichnung der Zwiebelhaube auf Kirchtürmen gebraucht.
dôme bulbé m, ~ en bulbe

Kuppel, mehrschalige f: Kuppel mit mehreren, in getrenntem Mauerverband errichteten Schalen, welche durch Stege miteinander verbunden sein können und auf einem gemeinsamen Tragwerk, oft einem Tambour, ruhen; → Massivkuppel, → einschalige Kuppel.
coupole à plusieurs calottes f, ~ à plusieurs voûtes, coupoles superposées f pl

Außenkuppel f, Schutzkuppel f, auch Mantelbau m, Mantel m: äußere Kuppelschale einer mehrschaligen Kuppel.
dôme m, calotte extérieure f, voûte extérieure f, voûte de protection f

Innenkuppel f, Raumkuppel f: innere Kuppelschale einer mehrschaligen Kuppel.
calotte intérieure f, voûte intérieure f

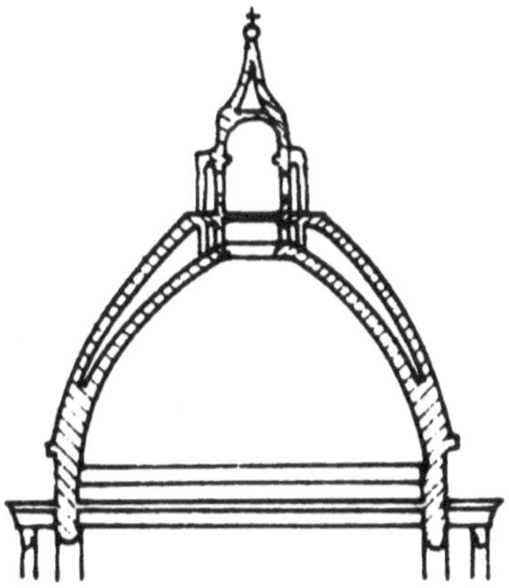

Abb.102
zweischalige Kuppel
coupole sous dôme

noch mehrschalige Kuppel

Kuppel, dreischalige f: aus drei Schalen gebildete Kuppel; z.B. die Kuppel der St. Pauls Kathedrale in London.
coupole à triple calotte f, ~ à triple voûte, auch trois coupoles superposées f pl

Kuppel*, zweischalige f, Doppelschalenkuppel f, Doppelmantelkuppel f: aus zwei Schalen gebildete Kuppel; z.B. die Kuppel von St. Peter in Rom. - Abb.102
coupole sous dôme f, ~ à double calotte, ~ à double voûte, auch deux coupoles superposées f pl

Langhauskuppel f
coupole de vaisseau (central) f

Massivkuppel f, Vollkuppel f: Kuppel mit einer tragenden Schale; im Unterschied zu einer Rippenkuppel mit Füllmauerwerk; → einschalige Kuppel.
coupole (appareillée) en voussoirs f

Nebenkuppel f; → Nebengewölbe, → Hauptkuppel.
coupole secondaire f

Querhauskuppel f, Transeptkuppel f: Kuppel über einem Gebäudeteil, der quer zur Hauptachse des Bauwerkes steht, z.B. über den beiden Querhausarmen einer Kuppelbasilika oder über einer mit Transept und Kuppelreihen versehenen maghrebinischen Moschee; → Vierungskuppel.
coupole (au-dessus d'un bras) de transept f

<u>Schwibbogen-Kuppel</u> f: über → Schwibbogen (GlA 3) errichtete Kuppel.
<u>coupole sur arcs-diaphragmes</u> f
<u>coupole sur arcs-diaphragmes</u> f

<u>Turmkuppel</u> f: Zierkuppel auf einem Turm.
<u>coupolette de tour</u> f

<u>Vierungskuppel</u> f, <u>Kreuzkuppel</u> f: über einer Vierung errichtete Kuppel; → Querhauskuppel.
<u>coupole de croisée (du transept)</u> f

<u>Zentralkuppel</u> f: in der Mitte eines Bauwerkes errichtete Kuppel, z.B. die → Hauptkuppel einer Kreuzkuppelkirche.
<u>coupole centrale</u> f

<u>Zierkuppel</u> f
<u>coupolette décorative</u> f

6. TEILGEWÖLBE
VOUTES PARTIELLES

Teilgewölbe n: Gewölbe, das nur teilweise, nicht bis zur vollen Form ausgebildet ist (z.B. das Pendentif) oder das untrennbar zu einem Hauptgewölbe gehört (z.B. die Stichkappe im Stichkappengewölbe); → Nebengewölbe.
voûte partielle f

Fächer m, Gewölbefächer m: beripptes und in Schichten gegliedertes Teilgewölbe, das von einer freistehenden Stütze trichterförmig mit konkaver Gewölbelinie aufsteigt und sich wie ein Fächer zum Scheitel des Gewölbes hin entfaltet; der horizontale Schnitt des Fächers ist meist rund, seltener polygonal; → Fächergewölbe.
éventail (de voûte) m

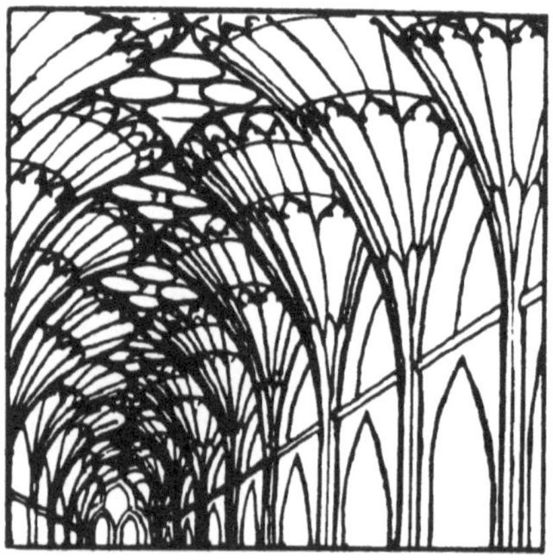

Abb.104-107
Hinterwölbungen[1]
arrière-voussures

Abb.104
Flachbogen mit
Rundbogenbasis
arrière-voussure
de Marseille

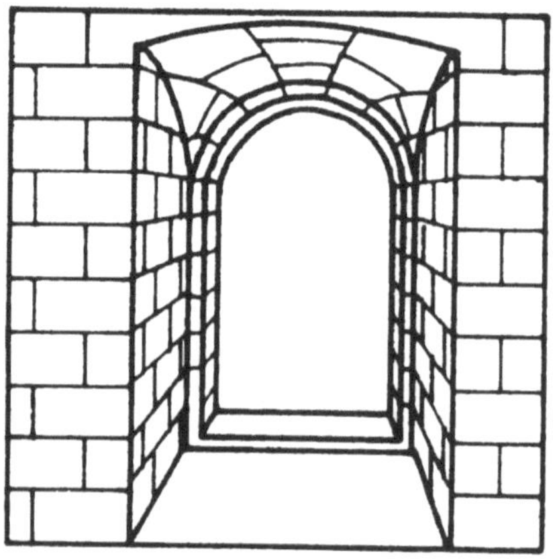

Abb.103
Halbfächer
demi-éventail

noch Fächer

Halbfächer*m: an eine Wand angelehnter, halbrunder oder drei- bis vierseitiger Fächer; → Fächergewölbe. - Abb.103
demi-éventail m

Hinterwölbung*f, Leibungshinterwölbung f, geschiedenes Leibungsgewölbe n: Leibungsgewölbe mit unterschiedlicher innerer und äußerer Gewölbelinie; die höher gelegene Bogenlinie ist namengebend; → Leibungsgewölbe.
- Abb.104-107
arrière-voussure f, veraltet arrière-voûte f

Basis f: die tiefer gelegene Bogenlinie der Hinterwölbung.
base f

Flachbogen-Hinterwölbung mit Rundbogenbasis*f - Abb.104
arrière-voussure de Marseille f, ~ segmentaire à base plein-cintre

[1] Vgl. Architecture. Méthode et vocabulaire, Sp.141

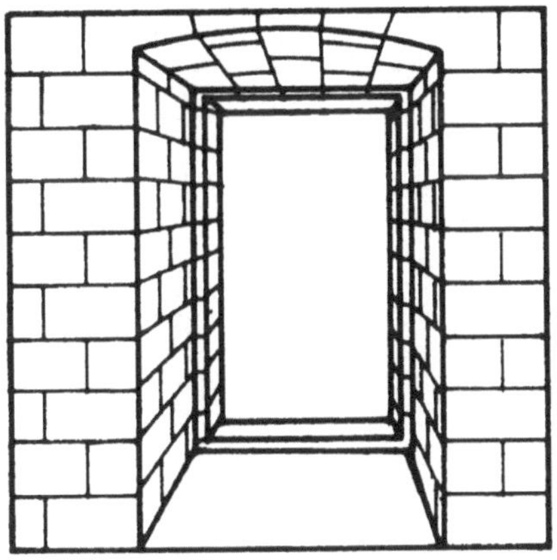

Abb.105
Flachbogen mit Sturz
arrière-voussure à
base horizontale

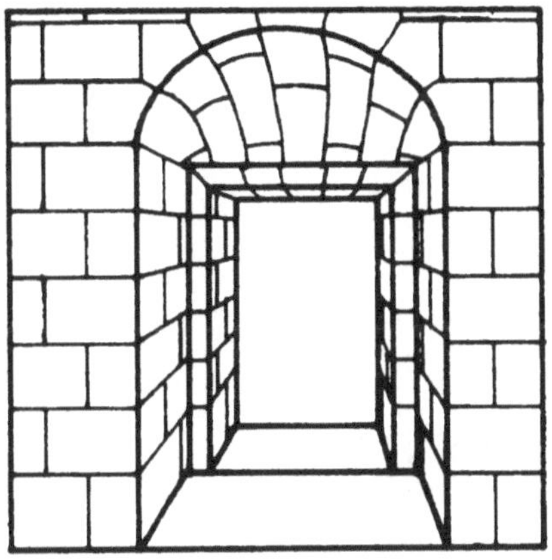

Abb.106
Rundbogen mit
scheitrechtem Bogen
arrière-voussure de
Saint-Antoine

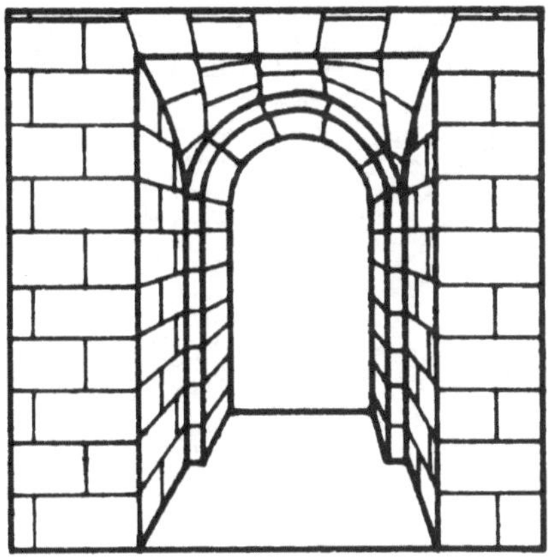

Abb.107
scheitrechter Bogen
mit Rundbogen
arrière-voussure de
Montpellier

noch Hinterwölbung

Flachbogen-Hinterwölbung mit Sturz*f - Abb.105
arrière-voussure à base horizontale f

Rundbogen-Hinterwölbung mit scheitrechtem Bogen*f - Abb.106
arrière-voussure de Saint-Antoine f, ~ en plein-cintre à base arasée, ~ en plein-cintre à base en plate-bande

scheitrechte (Bogen-) Hinterwölbung mit Rundbogenbasis*f - Abb.107
arrière-voussure de Montpellier f, ~ arasée à base plein-cintre, ~ en plate-bande à base plein-cintre

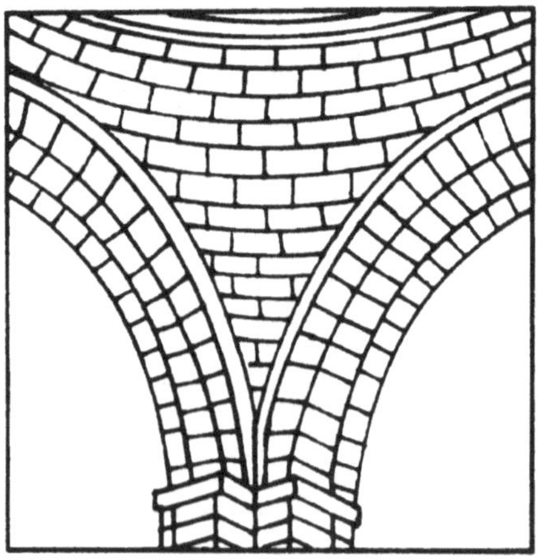

Abb.108
Pendentif
pendentif

Leibungsgewölbe n, Leibungswölbung f: die gewölbte innere Leibung einer Türe oder eines Fensters mit symmetrischer innerer und äußerer Gewölbelinie; → Hinterwölbung.
voussure f

Pendentif*n, Gewölbezwickel m, auch Hängezwickel m, Eckzwickel m, sphärischer Zwickel m: konkaves sphärisches Dreieck, vermittelndes Bauglied zwischen einem mehreckigen Raum und dem Fußkreis einer Kuppel oder eines anderen Gewölbes. Die segmentförmige, obere Begrenzung des Pendentifs ist Teil des Grundkreises der Kuppel. Das Pendentif ist meist in ebenen Schichten gemauert (pendentif assisé), manchmal mit Bogenläufen versehen (pendentif appareillé en rouleaux) oder mit radial angeordneten, sich stark verbreiternden Wölbsteinen gemauert (pendentif appareillé en panache); zu unterscheiden vom gewölbten Zwickel; → Trompe, → Türkisches Dreieck, → Pendentifkuppel.
- Abb.108
pendentif m

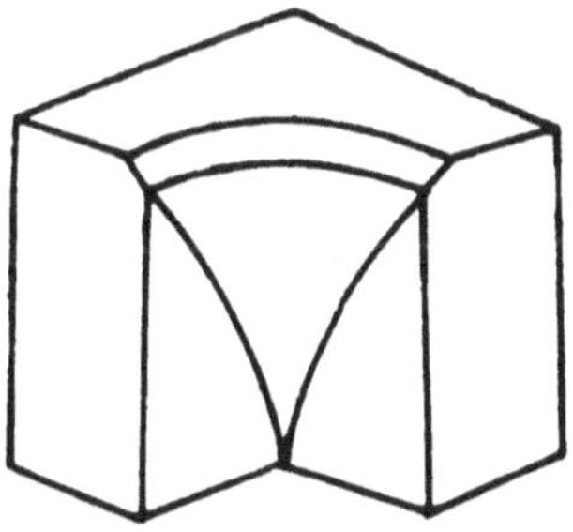

Abb.109
Pendentifanfänger
sommier de pendentif

noch Pendentif

Kegelpendentif n: Pendentif in Form eines Ausschnitts aus einem konischen Gewölbe.
pendentif (à tracé de voûte) conique m

Kugelpendentif n: Pendentif in Form eines Ausschnitts aus einer Kugelkuppel.
pendentif (à tracé de voûte) sphérique m

Pendentifanfänger*m: der unterste Wölbstein eines Pendentifs.
- Abb.109
sommier de pendentif m

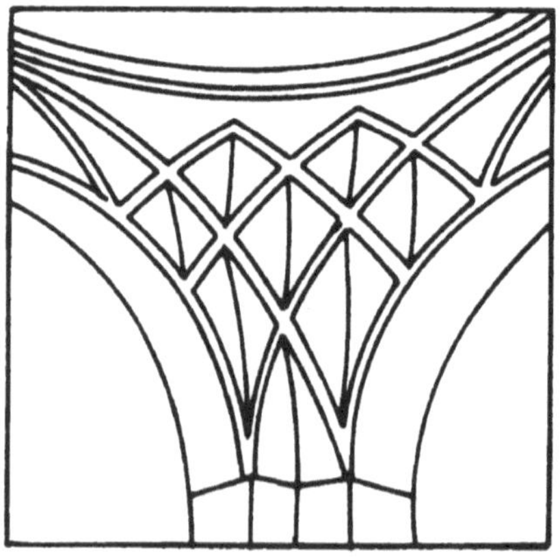

Abb.110
Rippenpendentif
pendentif nervuré

noch Pendentif

Pendentifecke f: eine der drei Ecken eines Pendentifs.
corne de pendentif f

Pendentifleibung f: die dreieckige Leibung eines Pendentifs.
intrados de pendentif m, fourche de pendentif f

Rippenpendentif*n: mit Rippen geziertes Pendentif. - Abb.110
pendentif nervuré m

Stalaktitenpendentif n: mit Stalaktiten geziertes Pendentif.
pendentif à stalactites m

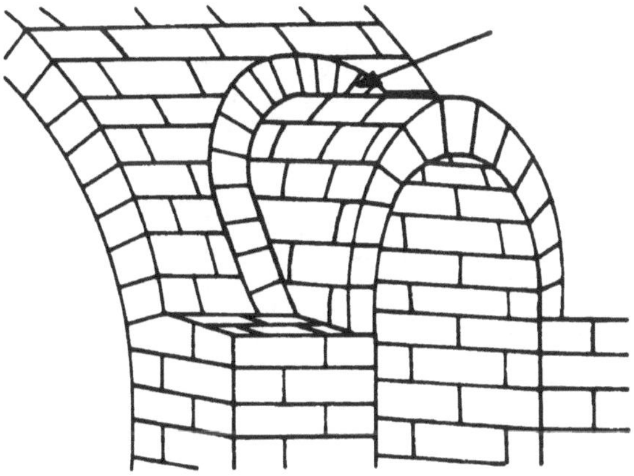

Abb.111
Stichkappe mit Gewölbekranz
lunette avec arc de renfort

Stichkappe*f, auch Kappe f, Ohr n, Brille f: tonnenförmiges Teilgewölbe, das in ein Hauptgewölbe - meist quer zur Längsachse des Gebäudes - einschneidet und ein in die Gewölbezone eingreifendes Fenster überwölbt oder die Widerlagslasten aufgliedert. Die Gewölbelinie reicht von der Flach- bis zur Spitztonne, die Scheitellinie kann waagrecht verlaufen oder steigen. Je nach dem Grad ihrer Erstreckung in das Hauptgewölbe unterscheidet man Vollstichkappen (bis zum Scheitel des Hauptgewölbes reichend), Dreiviertel-, Halb- und Viertelstichkappen; nach der Lage im Gewölbe unterscheidet man Netz-, Oktogon-,Zwickelstichkappen usw. - Abb.111, 112 und 125, Nr.3
lunette f

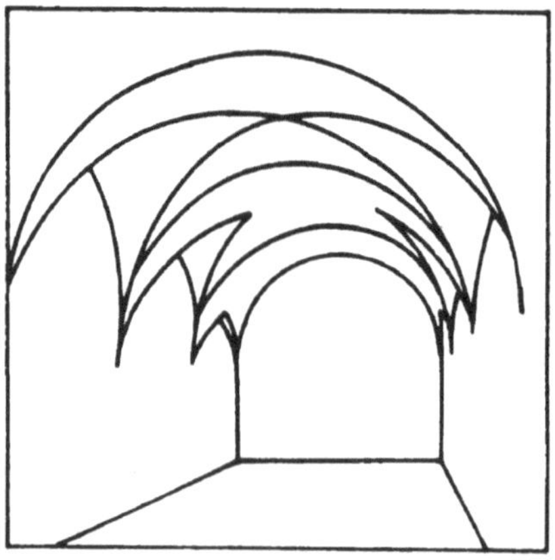

Abb.112
Stichkappen verschiedener Größe
lunettes de grandeur différente

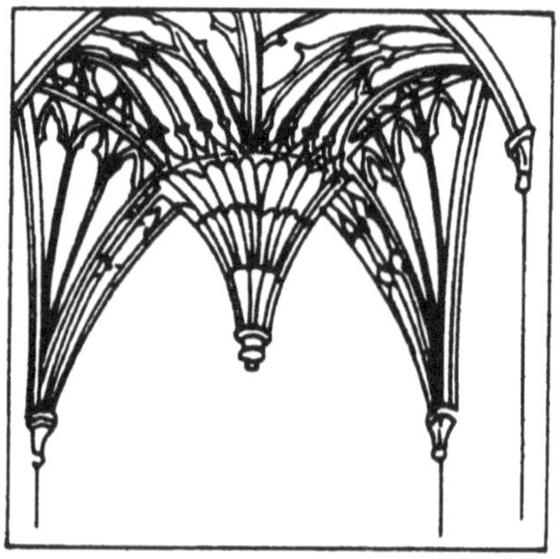

Abb.113
hängender Trichter
retombée pendante

noch Stichkappe

Kegelstichkappe f: Stichkappe, die sich kegelförmig zum Inneren des Raumes hin öffnet.
lunette (à ébrasement intérieur) conique f

Kugelstichkappe f: Stichkappe in Form eines nach innen sich erweiternden kugelförmigen Teilgewölbes.
lunette (à ébrasement intérieur) sphérique f

Stichkappe, zylindrische f
lunette (à ébrasement intérieur) cylindrique f

Trichter*, hängender m: an Quergurten aufgehängtes trichterförmiges Teilgewölbe innerhalb des → Hängegewölbes, das - dem → Fächer ähnlich - berippt und in Schichten gegliedert ist. Der horizontale Schnitt des Trichters ist rund oder polygonal; → Abhängling. - Abb.113
retombée (de voûte) pendante f

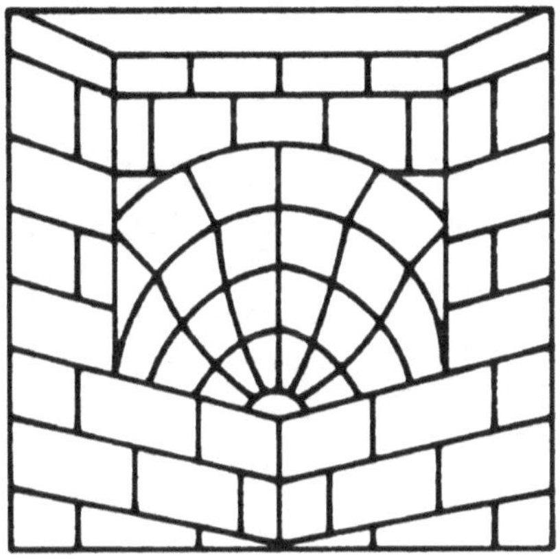

Abb.114
Trompe
trompe

Trompe*f, auch Trichtergewölbe n, Trichternische f: mit Deckplatte oder Aufmauerung versehenes kleines Traggewölbe in der Form eines halben liegenden Trichters, vermittelndes Bauglied zwischen einem mehreckigen Raum und dem Fußkreis einer Kuppel oder einem anderen Bauteil; → Pendentif, → Türkisches Dreieck, → Trompenkuppel. - Abb.114
trompe f; T. unter geradem Gesims ~ sous-le-pan; T. unter vorkragendem, eine Ecke bildendem Gesims ~ sous-le-coin

Ecktrompe f, auch Ecktrichter m: in einer Ecke gelegene Trompe.
trompe d'angle f

Ecktrompe, äußere f: Ecktrompe außen am Gebäude.
trompe sur l'angle f

Ecktrompe, innere f: Ecktrompe im Gebäudeinneren.
trompe dans l'angle f

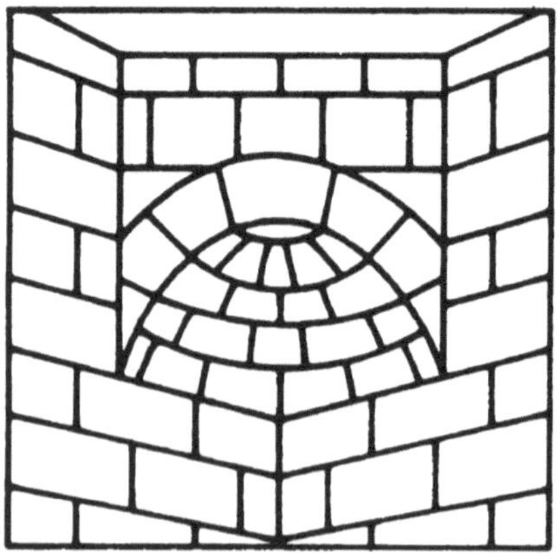

Abb.115
Konchentrompe
trompe en cul-de-four

noch Trompe

Fächertrompe f: dem Fächergewölbe gleichende Trompe von rundem, seltener polygonalem Grundriß; z.B. am Haus Cujas in Bourges/Cher.
trompe en éventail f

Faltentrompe f: mit durchlaufenden Faltenzügen dekorierte Trompe.
trompe ornée de bâtons plissés f

Kompositttrompe f: aus mehreren Formen zusammengesetzte Trompe; z.B. im Mausoleum Al Gafari in Kairo.
trompe en cerce f, ~ composite

Konchentrompe*f, Kuppeltrompe f, Halbkugeltrompe f - Abb.115
trompe en cul-de-four f

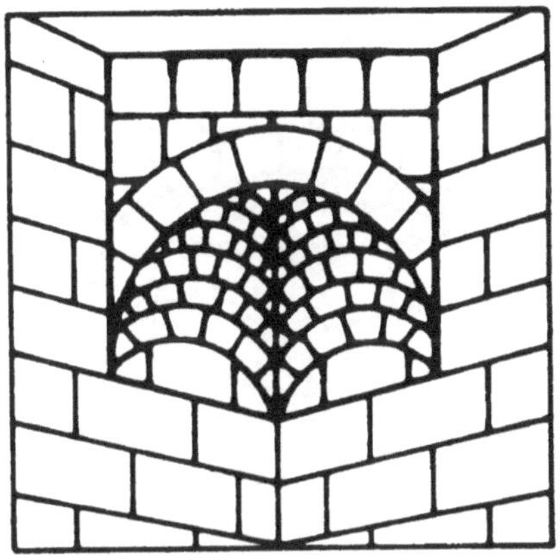

Abb.116
Kreuzgrattrompe
trompe à demi-voûte d'arêtes

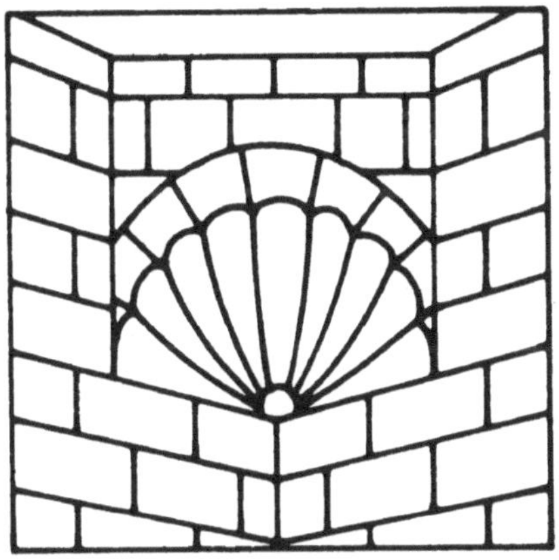

Abb.117
Muscheltrompe
trompe en coquille

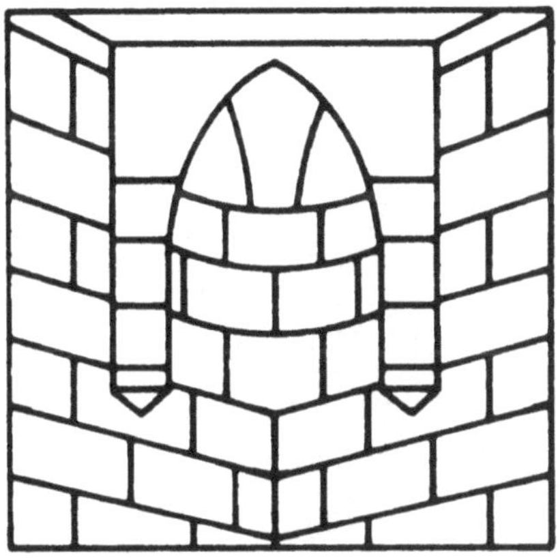

Abb.118
Nischentrompe
trompe en niche

noch Trompe

Kreuzgrattrompe*f: Trompe, die von zwei steigenden Gewölbekappen mit Grat hinter einer rundbogigen Trompenstirn gebildet wird; zu unterscheiden von der persischen Trompe. - Abb.116
trompe à demi-voûte d'arêtes f

Muscheltrompe*f, auch anschwellende Trompe f: in der Form des Muschelgewölbes gebildete Trompe mit nach oben breiter werdenden Steinen;
→ anschwellender Bogen (G1A 3) - Abb.117
trompe en coquille f, ~ appareillée en panache; mit anschwellenden Monolithen ~ formée de monolithes en panache

Nischentrompe*f: Trompe mit nischenartigem Dekor. - Abb.118
trompe en (forme de) niche f

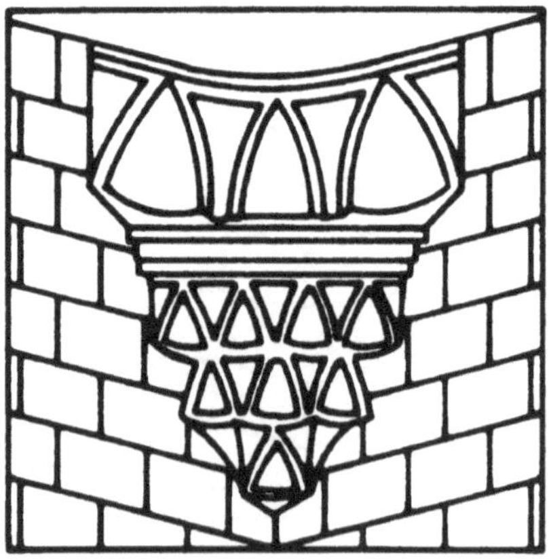

Abb.119
Stalaktitentrompe
trompe à stalactites

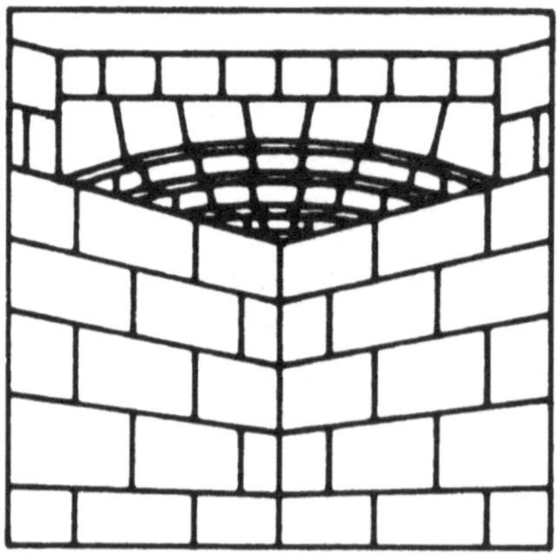

Abb.120
abgetreppte Trompe
trompe à gradins

noch Trompe

Prismentrompe f, Trompe mit Prismenzellen f: mit schrägkantigen, prismenartigen Zellen dekorierte Trompe; z.B. in dem Mahmud Pascha Hammam in Dschamken.
trompe à prismes f, ~ à décor prismatique

Stalaktitentrompe*f: mit Stalaktiten gezierte Trompe. - Abb.119
trompe à stalactites f

Trompe*, abgetreppte f, Stufentrompe f, Treppentrompe f: aus übereinander gesetzten, vorkragenden Mauerschichten oder Steinbalken gebildete Trompe. - Abb.120
trompe à gradins f, ~ (appareillée) en escalier

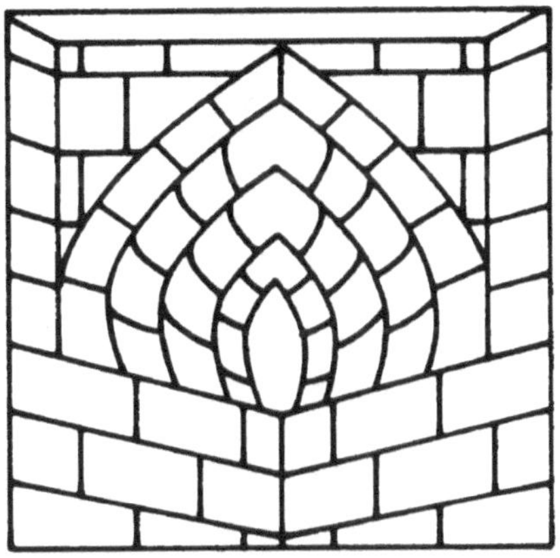

Abb.121
absetzende Trompe
trompe en échelon

Abb.122
flache Trompe
trompe en segment de cercle

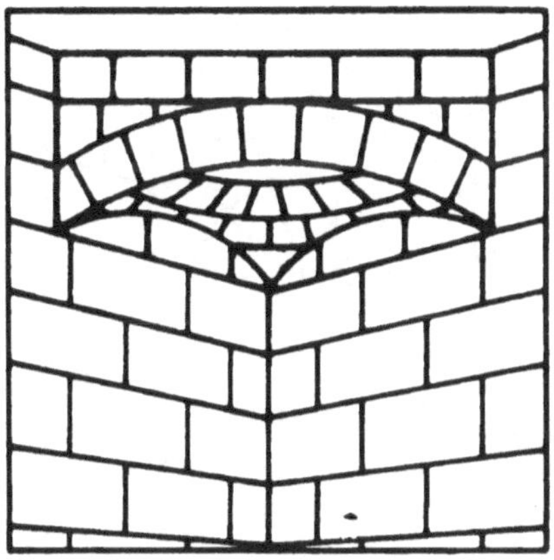

noch Trompe

Trompe*, absetzende f, Staffeltrompe f: mit mehreren, nach der Tiefe gestaffelten Bogenläufen versehene Trompe. - Abb.121
trompe en échelon f, ~ à ressauts, ~ (appareillée) en rouleaux

Trompe*, flache f, auch Flachtrompe f - Abb.122
trompe en segment de cercle f

Trompe, gerippte f
trompe nervurée f

Trompe, geschweifte f, Baldachintrompe f: Trompe mit teils wellenförmiger und teils gebrochener Trompenstirn; z.B. in der Zeichnung von Philibert de L'Orme[1] für Schloß Anet/Eure-et-Loir.
trompe ondée f, ~ en baldaquin

[1] "L'Architecture", neue Auflage Paris 1894, Tafel 89

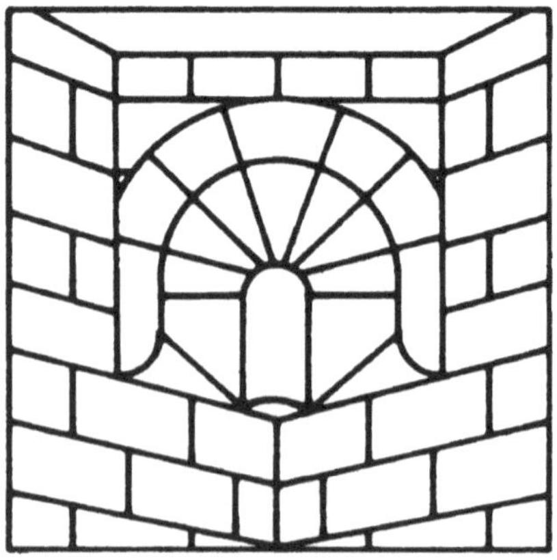

Abb.123
gestelzte Trompe
trompe surelévée

noch Trompe

Trompe*, gestelzte f: Trompe, deren Wölbung erst bei einigen Steinlagen über dem Kämpfergesims der Trompe ansetzt. - Abb.124
trompe surélevée f

Trompe*, konische f, Trichtertrompe f, Kegeltrompe f: Trompe in der Form des liegenden Trichtergewölbes, die allgemein verbreitete Form der Trompe. - sic Abb.114
trompe conique f

Trompe*, persische f: Trompe, die aus zwei konischen Gewölbekappen mit Kehle hinter einer rundbogigen Trompenstirn besteht; die Kappenspitzen treffen am Trompenanfänger zusammen; zu unterscheiden von der Kreuzgrattrompe. - Abb.124
trompe persane f, auch ~ formée de deux lunettes jumelées

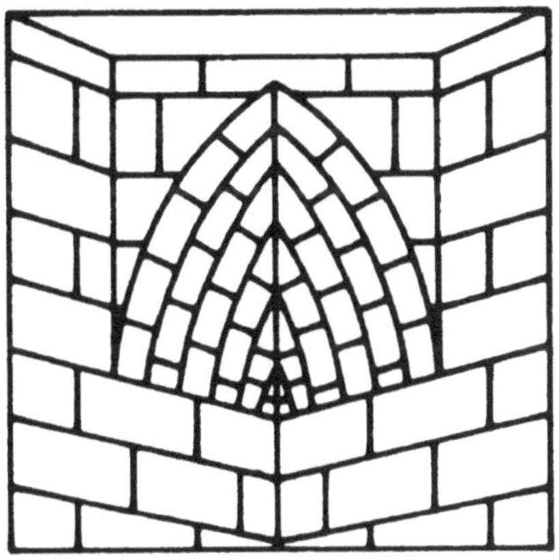

Abb.124
persische Trompe
trompe persane

noch Trompe

Trompe, steigende f: Trompe mit aufsteigender Gewölbesohle; der Trompenanfänger liegt tiefer als die Anfänger des Stirnbogens.
trompe inclinée f

Trompenanfänger m, Trompillon m: der erste Stein des liegenden Trichters einer Trompe.
trompillon m

Trompenleibung f
intrados de trompe m

Trompennische f, Trompenwölbung f
voûte de trompe f

noch Trompe

<u>Trompenrücken</u> m
<u>extrados de trompe</u> m

<u>Trompenstirn</u> f: Stirnbogen der Trompe.
<u>face de trompe</u> f

<u>Wabentrompe</u> f: mit zellenartigem Dekor versehene Trompe.
<u>trompe à alvéoles</u> f

<u>Wandtrompe</u> f: in einer Wand - nicht in einer Ecke - gelegene Trompe.
<u>trompe sur-le-pan</u> f

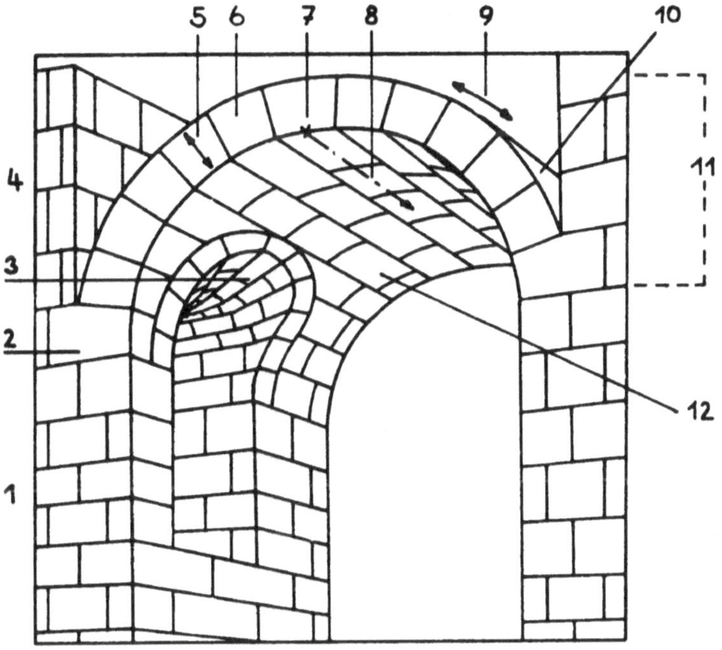

Abb.125
Gewölbe
voûte

1	Widerlagsmauer	mur porteur	6	Gewölbestirn	face de voûte
2	Anfänger	sommier	7	Gewölbescheitel	sommet de voûte
	Anfangsschicht	assise de sommiers	8	Scheitellinie	ligne sommitale
3	Stichkappe	lunette	9	Gewölbelinie	tracé de voûte
	Teilgewölbe	voûte partielle	10	Rücken	extrados
4	Tonne	voûte en berceau	11	Gewölbeschenkel	montée de voûte
	Hauptgewölbe	maîtresse-voûte	12	Leibung	intrados
5	Gewölbestärke	épaisseur de voûte			

7. TEILE UND MERKMALE[1]
ELEMENTS ET CARACTERISTIQUES

[1] Vgl. auch Abb.1 und Abb.83, sowie insbesondere das 5. Kapitel in GlA 3.

Abhängling*m, auch Gewölbe-Abhängling m: vom Scheitel eines Gewölbes herabhängender Stein; → hängender Trichter, → Hängegewölbe. - Abb.126
clef (de voûte) pendante f; als Abhängling von Rippenkreuzen u.a.
fausse-clef pendante f

Absenker*m: zum Gewölbe aufsteigende, auf einem Kragstein ruhende Wandvorlage. - Abb.127
versant mural (vertical) m

Anker*m, Bauanker m, auch Schlauder f: konstruktive Vorrichtung zur horizontalen Verbindung von Bauteilen, zur Absicherung gegen Schub usw.; meist eine eiserne Stange mit Öse (→ Ankerauge) und → Ankersplint. - Abb.128
ancre (de construction) f

Ankerauge*n: das umgebogene Ende des Ankerkopfes zur Aufnahme des Ankersplints. - Abb.130, Nr.1
oeillet d'ancre m, trou d'ancre m

Ankerbalken m, Ankerbaum m, Zugbalken m, auch Ankerbinder m: oft von Wand zu Wand reichender hölzerner oder metallener Zuganker zur Absicherung der Außenwände gegen den Gewölbeschub.
tirant (en fer ou en bois) m

Ankerkopf m: in das Mauerwerk eingreifendes Ende des Ankers mit dem → Ankerauge.
tête d'ancre f

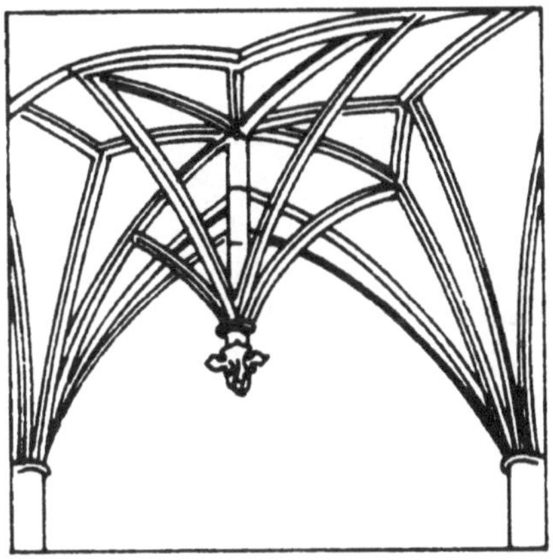

Abb.126
Abhängling
clef pendante

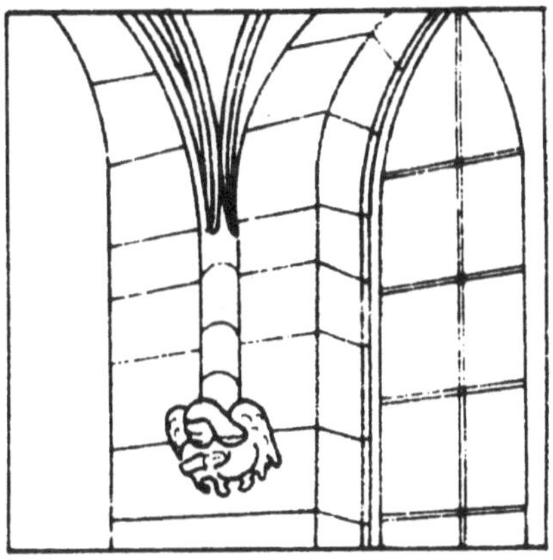

Abb.127
Absenker
versant mural

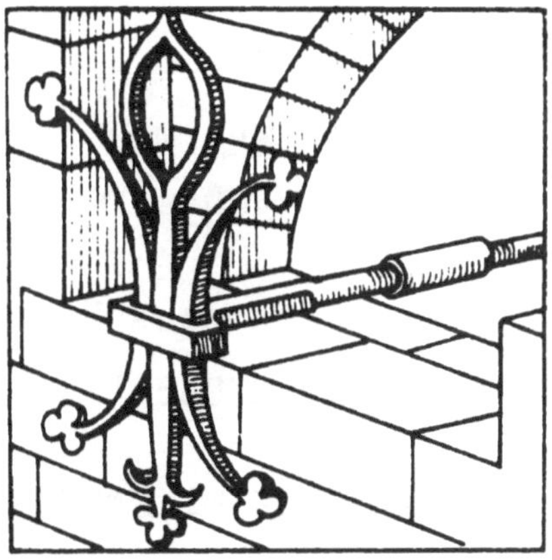

Abb.128
Anker
ancre

noch Anker

Ankersplint*m, auch Ankerschließe f, Ankerschlüssel m, Ankerarm m: durch das Ankerauge gestecktes, oft ornamental gestaltetes Querstück (Flacheisen o.ä.) zur Aufnahme der Zugkraft. - Abb.130, Nr.2
ancre f, clavette f

Balkenanker m, auch Kopfanker m: zur Verankerung eines Balkens im Mauerwerk dienender, am Balkenkopf befestigter Anker.
ancre d'about (de poutre) f

Druckanker m: auf Druck beanspruchtes Verbandstück.
ancre à pression f

Gabelanker m: Anker mit y-förmigem Ankersplint.
ancre en Y f

noch Anker

Gewölbeanker m : durch das ganze Gewölbe gehender Anker.
ancre de voûte f

Kreuzanker*m: Anker mit kreuzförmigem Ankersplint. - Abb.129
ancre en croix f

Maueranker m, Wandanker m
ancre de mur f

Ringverankerung f, auch Ringanker m: kreisförmig angelegte Verankerung zur Absicherung von Kuppeln, Klostergewölben usw. gegen Ringspannungen.
armature en anneau f, ancrage en anneau m

S-Anker m: Anker mit S-förmigem Ankersplint.
ancre en S f

Stabanker*m: Anker mit stabförmigem Ankersplint. - Abb.130
ancre à barre (droite) f, ~ à clavette (droite)

T-Anker m: Anker mit T-förmigem Ankersplint.
ancre en T f

Verankerung f
ancrage m, ancrure f

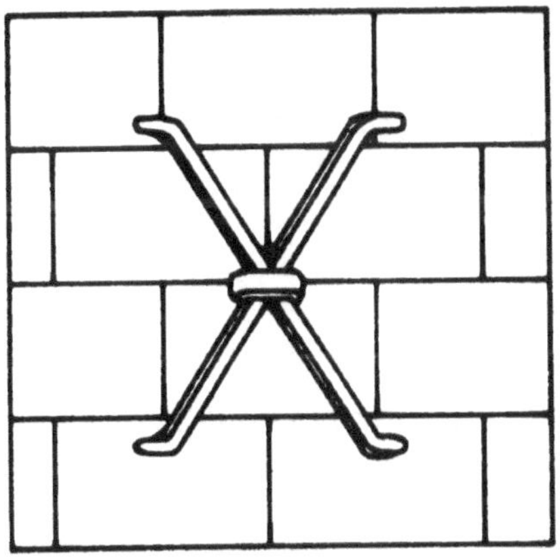

Abb.129
Kreuzanker
ancre en croix

1 Ankerauge
oeillet d'ancre

2 Ankersplint
ancre

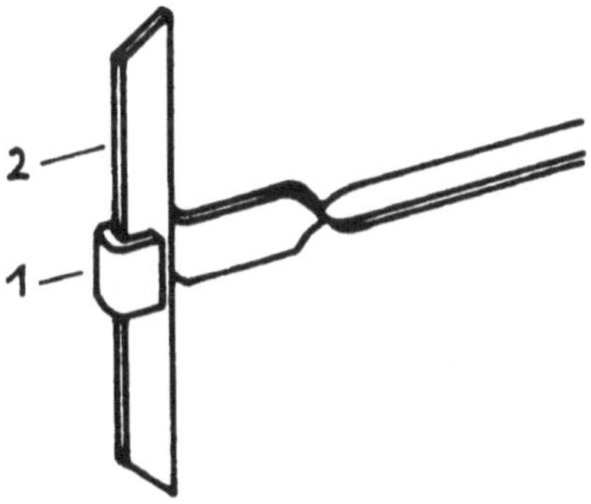

Abb.130
Stabanker
ancre à barre

noch Anker

Zieranker*m: Anker mit dekorativem Ankersplint, z.B. in Form eines Buchstabens, eines Kreuzes usw. - sic Abb.128
ancre décorative f; mit blütenähnlichem Ankersplint ~ en fleuron

Zuganker m: auf Zug beanspruchter Anker.
tirant m, ancre à traction f

Auflager n, auch Gewölbeauflager n: Unterlage, auf der ein tragendes Bauglied ruht.
tas de charge m, cul d'imposte m

Aufstandsfläche f, Widerlagsfläche f; → Gewölbesohle.
lit d'attente m

Bogenaustragung f, Rippenbogenaustragung f: Darstellungs- und Konstruktionsverfahren für das Rippensystem eines Gewölbes, bei dem man, im Gegensatz zur Orthogonalprojektion, die Aufrisse aller Rippenbogen unverkürzt in der Zeichenebene erhält.
»reproduction de nervures en plan« f

Prinzipalbogenkonstruktion f: veralteter Terminus technicus für die Anfertigung einer Bogenaustragung, bei der alle Rippenbogen mit demselben Radius geschlagen werden.
»reproduction de nervures en plan à même rayon« f

Busung*f, auch Busen m, Gewölbebusung f: sphärische Ausbauchung, insbesondere die Überhöhung der Gewölbekappen des Kreuzgewölbes; die Busung der Gewölbekappen vermehrt die Verspannung des Gewölbes; zu unterscheiden vom Stich; → gebustes Gewölbe. - sic Abb.10
convexité (de voûte) f

gebust, busig
bombé, convexe

Diagonalbogen m, Kreuzbogen m, auch Jxenbogen m (österr.): im Kreuzgewölbe diagonal verlaufender gratiger, gekehlter oder gerippter Bogen; er besteht aus zwei → Bogenästen (GlA 3); → Gratbogen, → Kehlbogen, → Kreuzgewölbe, → Kreuzrippe.
ogive f, arc en ~ (ou: arête) m, arc d'ogives (ou: d'arêtes) m; beide Diagonalbogen des Kreuzgewölbes croisée d'ogives (ou: d'arêtes) f

Kreuzgratbogen m: Diagonalbogen im Kreuzgratgewölbe.
ogive en arête f

noch Diagonalbogen

Kreuzkehlbogen m: Diagonalbogen im Klostergewölbe.
ogive en arête rentrante f

Kreuzrippenbogen m, auch Gratrippenbogen m: Diagonalbogen im Kreuzrippengewölbe.
ogive f

Durchdringung f, auch Verschnitt m, Verschneidung f: das Ineinandergehen zweier sich kreuzender Gewölbe von gleicher oder verschiedener Form; → Durchdringungsgewölbe.
compénétration f, auch pénétration f, interpénétration f

Verschnittkurve f
courbe de compénétration f, ~ de pénétration

<u>Gewölbeabdeckung</u> f, <u>Gewölbedeckung</u> f: Aufmauerung oder Aufschüttung über dem Gewölberücken.
<u>recouvrement d'extrados</u> m, <u>chaperon d'extrados</u> m

<u>Gewölbeaufguß</u> m: dünner Mörtelauftrag zur Abdichtung und Stabilisierung des Gewölbes.
<u>chape de voûte</u> f

<u>Gewölbehintermauerung</u>*f, <u>Gewölbehinterfüllung</u> f: Aufmauerung oder Aufschüttung zwischen Widerlagsmauer und Gewölbescheitel zur Festigung des Bruchfugenbereichs (1/3 bis 2/3 der Gewölbehöhe). - Abb.131
<u>maçonnerie de remplissage (de voûte)</u> f, <u>blocage chargeant les reins</u> m

<u>Gewölbeübermauerung</u> f, <u>Gewölbeüberfüllung</u> f: Aufmauerung oder Aufschüttung zwischen dem Gewölberücken und der darüber liegenden Decke.
<u>maçonnerie au-dessus de l'extrados</u> f, <u>remplissage au-dessus de l'extrados</u> m

<u>Gewölbeachse</u>*f: eine in Höhe der Widerlager unter dem Gewölbescheitel verlaufende gedachte Linie; → Kuppelachse. - Abb.1, Nr.3
<u>axe de voûte</u> m

<u>Gewölbeanfall</u> m, <u>Gewölbefuß</u> m: unterer Teil des Gewölbeschenkels, vom Gewölbeanfang bis zu einer Höhe, in der die Wölbsteine nur noch durch ihre Keilform gehalten werden.
<u>retombée de voûte</u> f

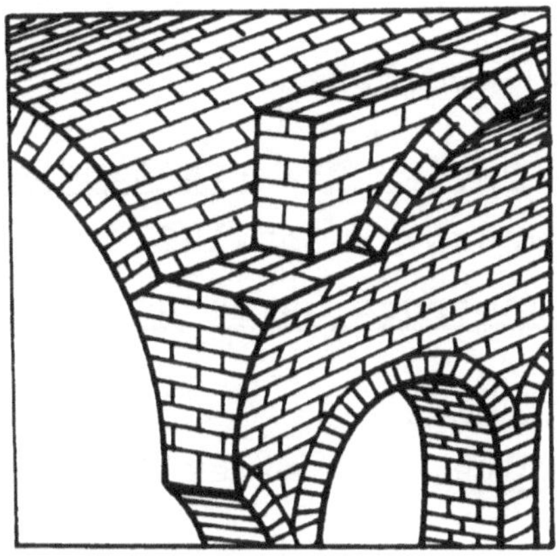

Abb.131
Gewölbehintermauerung
maçonnerie de remplissage

Gewölbeanfang m, Wölbungsansatz m: Ansatzpunkt der Krümmung eines Gewölbes; → Gewölbeanfall.
naissance de voûte f, auch départ de voûte m

Fußlinie f, Anfallinie f: Horizontale, über der die Gewölbelinie ansetzt.
ligne de naissance (de voûte) f, ~ de départ (de voûte)

Gewölbeauskleidung f, Gewölbebekleidung f, Gewölbeverkleidung f: Überdeckung der Wölbsteine mit einem Verputz, einer Verschalung usw.
revêtement de voûte m

Gewölbebau m: Errichtung eines Gewölbes.
construction de voûte f, voûtement m

noch Gewölbebau

Einwölbung*, freihändige f: Errichtung eines Gewölbes ohne Lehrgerüst. - Abb.132
construction de voûte sans coffrage f, voûtement sans coffrage m

gewölbt
voûté; bei einem Bogen arqué

unterwölben
voûter par-dessous, élever une voûte-support

Gewölbefach n, Fach n: von Rippen oder Graten begrenzter kleinster Abschnitt der Gewölbeleibung.
compartiment d'intrados m

Gewölbefeld n, Gewölbeabteilung f: größerer Abschnitt innerhalb eines Gewölbes, der sich von anderen Abschnitten konstruktiv oder dekorativ abhebt; → Gewölbejoch; → Netzfeld.
champ de voûte m, section de voûte f

Chorhauptfeld n
champ de voûte du chevet m

Jochbogenfeld n
champ de voûte d'une travée m

Seitenschiffeld n
champ de voûte d'un bas-côté m

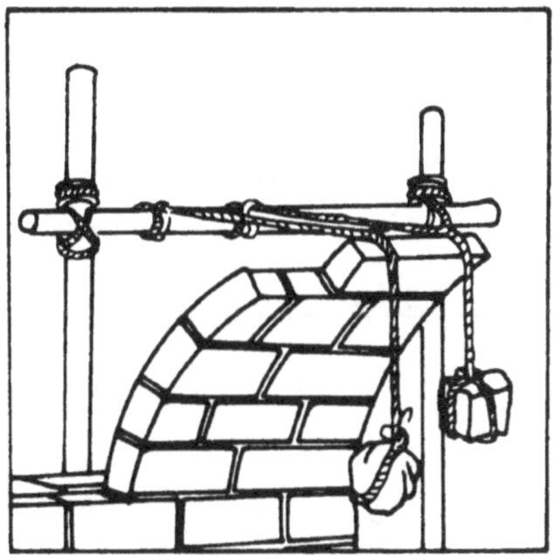

Abb.132
freihändige Einwölbung
construction de voûte
sans coffrage

Gewölbefirst*m, First m: oberster Teil des Rückens eines Gewölbes;
→ Gewölbescheitel. - Abb.1, Nr.7
faîte d'extrados (de voûte) f

Gewölbefläche f, Wölbungsfläche f, Wölbfläche f, Gewölbeleibung f, Leibung f, Laibung f: die sichtbaren Flächen eines Gewölbes an Leibung und Rücken; entsprechend der Gewölbeform als Kugelfläche, Walmfläche, Sphäroidfläche usw. bezeichnet.
douelle (de voûte) f

Leibung*f, Intrados m, innere Leibung f, Gewölbeleibung f: innere Gewölbefläche. - Abb.125, Nr.12
intrados (de voûte) m, douelle (de voûte) intérieure f

noch Gewölbefläche

Rücken*m, Extrados m, äußere Leibung f, Gewölberücken m: äußere Gewölbefläche. - Abb.125, Nr.10
extrados (de voûte) m, douelle (de voûte) extérieure f

Gewölbefuge f; → Fuge (GlA 3)
joint de voûte m, veraltet (16.Jh.) commissure f

Fuge, konzentrische f
joint concentrique m

Gewölbehaupt n: oberer Teil des Gewölbes; zu unterscheiden vom Gewölbehaupt = Gewölbestirn; → Gewölbescheitel, → Bogenhaupt (GlA 3).
tête de voûte f, crête de voûte f

Gewölbejoch n, Joch n, Travée f: überwölbter, zwischen Hauptstützen gelegener Abschnitt einer Gewölbefolge, oft durch Gurtbogen von den auf der Hauptachse angrenzenden Gewölbejochen getrennt; zu unterscheiden von den weiteren Bedeutungen von Joch, z.B. dem → Römischen Joch (GlA 3), dem Fassadenjoch und dem Brückenjoch; → Gewölbefeld, → Gewölbesystem.
travée (voûtée) f

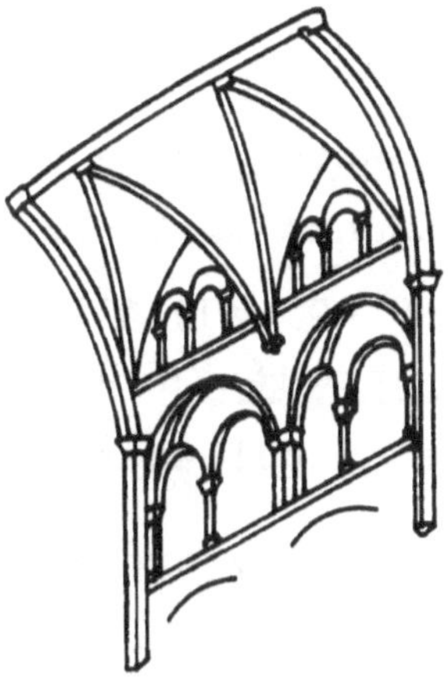

Abb.133
Doppeljoch
travée double

noch Gewölbejoch

Doppeljoch*n: zwei gekuppelte Joche, die z.B. durch ihre Stützen geschieden, durch die Gewölbeform jedoch verbunden sind; z.B. in der Kathedrale zu Durham; auch die Joche des Seitenschiffs im → gebundenen Gewölbesystem, die nur durch eine Zwischenstütze geschieden sind. - Abb.133
travée double f, deux travées jumelées f pl

Joch*, durchgehendes n, durchgehende Travée f: das Gewölbejoch im durchgehenden Gewölbesystem, wobei die Gewölbe im Seitenschiff genauso lang sind wie die Gewölbe des Mittelschiffes. - Abb.134
travée simple f, ~ continue, ~ passante (à une travée de la nef correspond une travée du collatéral)

noch Gewölbejoch

Joch*, geschiedenes n, geschiedene Travée f: das Gewölbejoch im → gebundenen Gewölbesystem, wobei die Gewölbe im Seitenschiff nur halb so lang sind wie das Gewölbe des Mittelschiffes. - Abb.135
»travée doublée«f (à une travée de la nef correspondent deux travées du collatéral)

Polygonjoch n: ein mehrseitiges Joch, wie es sich z.B. beim polygonalen Chorschluß ausbildet.
travée polygonale f

Tonnenjoch n: Joch einer → gegliederten Tonne.
travée d'une voûte en berceau fractionné f

Gewölbekappe*f, Kappe f: Gewölbeabschnitt zwischen den meist zum Gewölbescheitel aufsteigenden Graten oder Rippen eines Gewölbes, z.B. die vier Kappen des Kreuzgewölbes. Die Kappen können eingeteilt werden in horizontale gerade Kappen, gerade Kappen mit Stich (auf- oder abwärts), horizontale busige Kappen (Anfang und Ende auf gleicher Höhe), busige Kappen mit Stich (auf- oder abwärts) und sphärische Kappen (ihr Grat verliert sich im Gewölbehaupt). Zu unterscheiden ist die Böhmische Kappe, welche ein vollständiges Gewölbe bildet; → Stichkappe, → Kappengewölbe, → Gewölbewange, → Stich. - Abb.1, Nr.5
voûtain m, canton m; als → Kreuzkappe quartier m

Gewölbekappe*, längsgerichtete f; - sic Abb.13
quartier longitudinal m

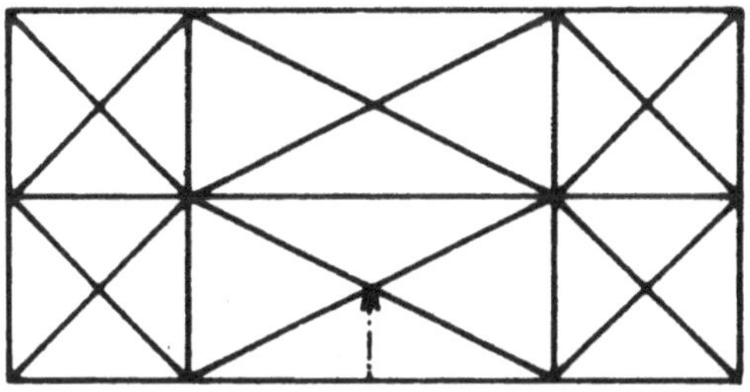

Abb.134
durchgehendes Joch
travée simple

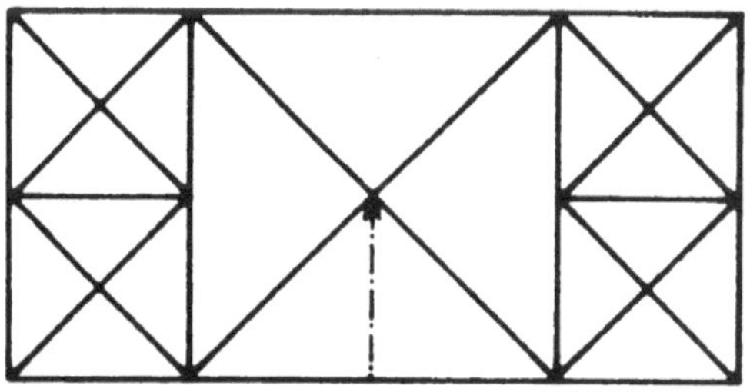

Abb.135
geschiedenes Joch
travée double

noch Gewölbekappe

Gewölbekappe*, quergestellte f; - sic Abb.13
quartier transversal m

Gewölbekappe*, radiale f; - sic Abb.9
quartier rayonnant m

Kreuzkappe*f: Gewölbeabschnitt im Kreuzgewölbe; zu unterscheiden von Kreuzkappe = Kreuzkappengewölbe. - Abb.1, Nr.5
quartier m, voûtain m

Gewölbekranz*m, Kappenkranz m: selbständig gemauerter Entlastungsbogen an der Nahtstelle zwischen einem Hauptgewölbe und einer Stichkappe; er dient der Stichkappe als Widerlager. - Abb.111
arc de renfort de lunette m, avant-voussure f

Gewölbelinie*f, Wölblinie f, auch Gewölbebogen m, Wölbungslauflinie f: Bogenlinie, durch deren Parallelverschiebung die Gewölbeform erzeugt werden kann; man unterscheidet innere und äußere Gewölbelinie. - Abb.125, Nr.9
tracé de voûte m

Gewölbepfeiler*[1] m, Pfeiler m: freistehende oder an eine Wand angefügte bzw. in sie eingebundene Stütze, die das Gewölbe trägt; → Stützenwechsel. - Abb.136
pilier de voûte m

Gewölbeprofil n
profil de voûte m

Gewölbeschale f: 1. Gewölbekörper m, auch Gewölbemauerwerk n: die massive, gemauerte Konstruktion eines Gewölbes; → Gewölbeverband.
voûte compacte f

2. auch Wölbschale f: sphärisches Teilgewölbe über (barocken) Durchdringungskurven.
voûtain sphérique (baroque) m

3. dünnwandiges → Gewölbefach.
voûtain mince m, ~ faible

Gewölbescheitel*m, Scheitel m: oberster Teil der inneren Leibung eines Gewölbes; → Gewölbehaupt, → Scheitelpunkt. - Abb.125, Nr.7
sommet de voûte m

[1] Die Pfeiler, Säulen, Stützen etc. werden in einem anderen Band behandelt; hier sind nur die für das Gewölbe wichtigsten Termini aufgenommen.

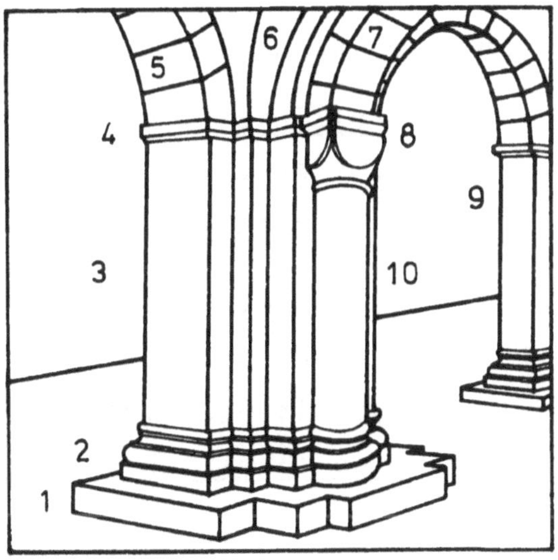

Abb.136
Pfeiler
pilier

1	Plinthe	plinthe
2	gegliederter Pfeilerfuß	base de pilier mouluré
3	Pfeilerschaft	fût de pilier
4	Pfeilergesims	moulure de pilier
5	Scheidbogen	grand-arc
6	Diagonalbogen	ogive
7	Gurtbogen	arc doubleau
8	Würfelkapitell	chapiteau cubique
9	Zwischenpfeiler	pilier intermédiaire
10	Halbsäule	demi-colonne

noch Gewölbescheitel

Auge n, Scheitelöffnung f, Opäum n, auch Opaeon n, Opaion n, Nabelöffnung f: Öffnung im Scheitel eines Gewölbes oder einer Kuppel zur Belichtung des Raumes; → Lichtring.
oeil m

Lichtring m, Lichtkranz m, auch offener Scheitelring m, offener Scheitelkreis m: größerer → Scheitelring mit → Auge.
ouverture zénithale f

Nabel m: Gewölbescheitel mit Scheitelring; ist er offen, so wird er → Auge oder Nabelöffnung genannt.
sommet à clef annulaire m, auch »plafond bordé d'une clef annulaire« m

Scheitelhöhe f: der Abstand vom Fußboden zum Gewölbescheitel; zu unterscheiden von der Stichhöhe.
hauteur sous clef f

noch Gewölbescheitel

Scheitellinie*f: entlang dem Gewölbescheitel verlaufende, gedachte Linie. - Abb.125, Nr.8
ligne sommitale f, ~ de sommet

Scheitelpunkt*m, Nabelpunkt m, auch Schlußpunkt m: höchster Punkt eines Gewölbes, z.B. des Kreuzgewölbes oder der Kuppel; oft auch synonym mit Gewölbescheitel gebraucht. - Abb.83, Nr.3
point sommital (de voûte) m, auch clef (de voûte) f

Scheitelring*m, Sprengring m, Schlußring m, Nabelring m, Scheitelkreis m: gemauerter Ring im Gewölbe- oder Kuppelscheitel zur Aufnahme und Versteifung der gegen ihn anlaufenden Rippen; z.B. in der Pfarrkirche von Fontaines-en-Sologne/Loir et Cher; → Rippenkranz, → Lichtring, → Nabel. - Abb.137
clef (de voûte) annulaire f, auch anneau de retenue m

Gewölbeschenkel*m, Gewölbeachsel f: der das halbe Gewölbe umfassende Abschnitt zwischen Widerlager und Gewölbescheitel; → Gewölbeanfall. - Abb.125, Nr.11
montée de voûte f; das untere Drittel rein de voûte m

Gewölbeschub m, Wölbungsschub m; → Schub (G1A 3), → Last.
poussée latérale (ou: horizontale) de voûte f

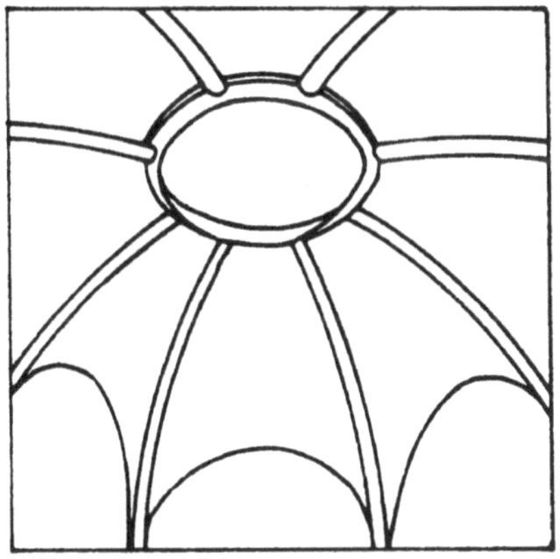

Abb.137
Scheitelring
clef annulaire

Gewölbesehne f, Sehne f: gedachte Verbindungslinie von zusammengehörenden Widerlagspunkten.
corde de voûte f

Gewölbesprengweite*f, Gewölbestützweite f, Gewölbespannweite f: der Abstand zwischen einander gegenüberliegenden Widerlagspunkten; → Spannweite (GlA 3). - Abb.1, Nr.11
portée de (la) voûte f, diamètre de (la) voûte m

Gewölbestärke*f, Gewölbedicke f, Wölbstärke f: die Dicke der Gewölbeschale, d.h. der Abstand zwischen Leibung und Rücken. - Abb.125, Nr.5
épaisseur de (la) voûte f

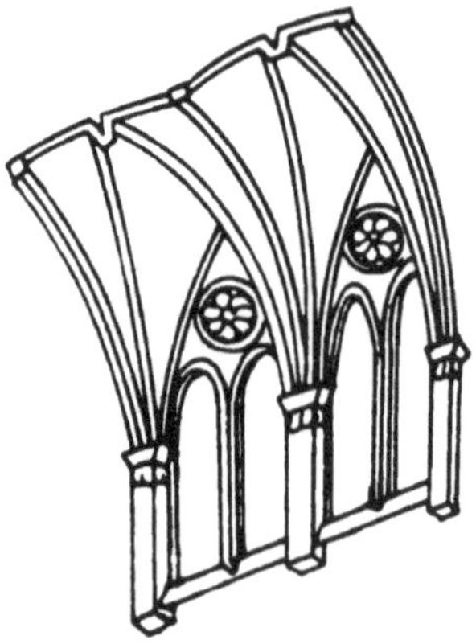

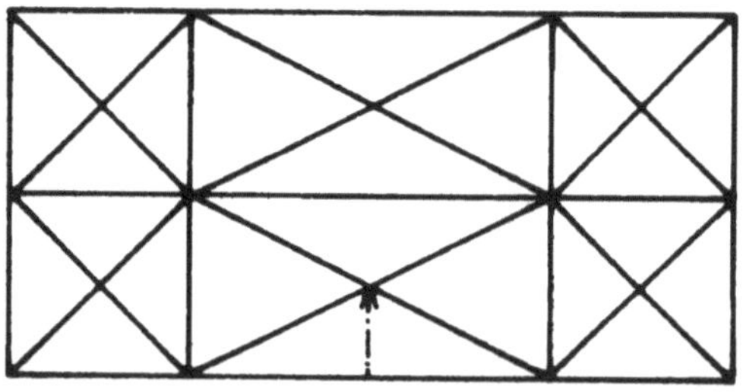

Abb.138 und 138a
durchgehendes Gewölbesystem
système de voûtes à travées simples

Abb.138a

Gewölbestirn*f, Stirn f, auch Gewölbehaupt n: die Stirn der Randbogen eines Gewölbes; zu unterscheiden vom Gewölbehaupt als oberem Teil des Gewölbes; → Stirn (GlA 3). - Abb.125, Nr.6
face de voûte f

Gewölbesystem n: die konstruktive Anordnung der Gewölbe eines Gebäudes, z.B. die Zuordnung der Gewölbe im gebundenen Gewölbesystem; → Gewölbejoch.
système de voûtes m, disposition de voûtes f

Gewölbesystem*, durchgehendes n, nicht gebundenes System n: Schema des Kirchengrundrisses, bei dem die Gewölbe des Mittelschiffs die gleiche Länge haben wie diejenigen der Seitenschiffe; → durchgehendes Joch. - Abb.138 und 138a
système de voûtes à travées simples m

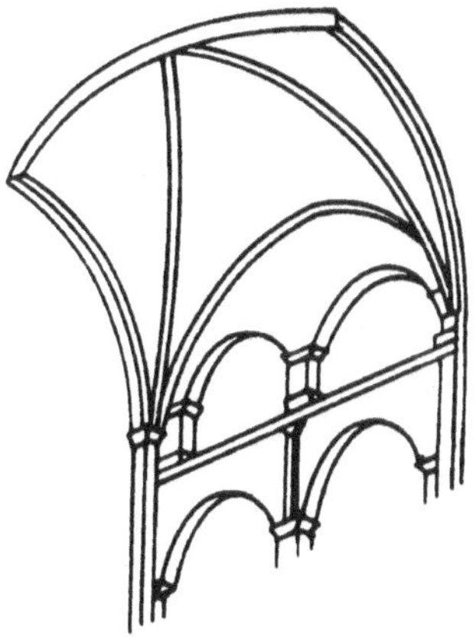

Abb.139 und 139a
gebundenes Gewölbesystem
système de voûtes à
travées doubles

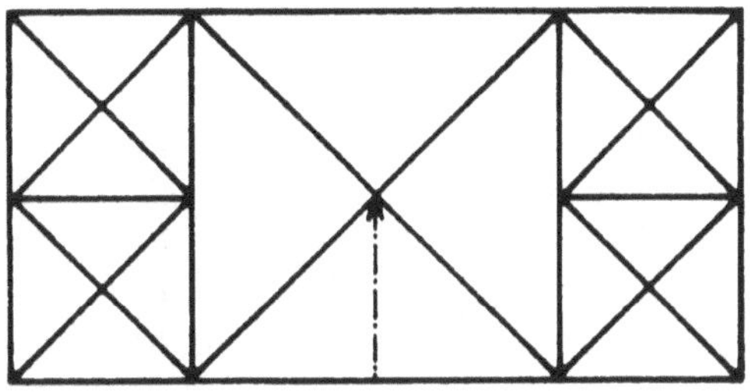

Abb.139a

noch Gewölbesystem

Gewölbesystem*, gebundenes n, gebundenes System n, gebundenes Schema n, quadratischer Schematismus m: auf das Vierungsquadrat bezogenes Schema für den Grundriß der romanischen Kirche, wobei einem Quadrat im Mittelschiff je zwei Quadrate halber Länge in den Seitenschiffen entsprechen; → geschiedenes Joch, → Stützenwechsel. - Abb.139 und 139a
système de voûtes à travées doubles m

Gewölbetragwerk n, Gewölbeträger f pl: alle tragenden Bauglieder, auf denen ein Gewölbe ruht, wie Wände, Pfeiler, Dienste usw.
support de voûte m, éléments porteurs de voûte m pl

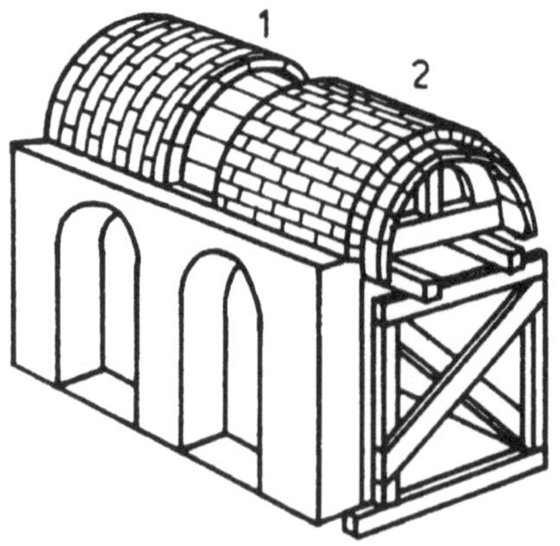

Abb.140
Gewölbeverband
appareil de voûte

1 bogenförmige Ringschicht
appareil en assises arquées

2 Kuff
appareil assisé

Gewölbeverband*m, Wölbverband m: der Mauerverband eines Gewölbes; → Wölbschicht. - Abb.140
appareil (clavé) de voûte m

Gewölbeverband*, flacher[1)]m: der Mauerverband des flachen Gewölbes; es kann auf Kuff wie eine Tonne (voûte plate appareillée sur le plan d'un berceau) oder in Ringschicht wie eine Kuppel (voûte plate appareillée sur le plan d'une coupole) oder im Schwalbenschwanz wie ein Klostergewölbe (voûte plate appareillée sur le plan d'une voûte en arc-de-cloître) gemauert sein.
- sic Abb.8
appareil de voûte plate m

1) Architecture. Méthode et vocabulaire, Sp.142

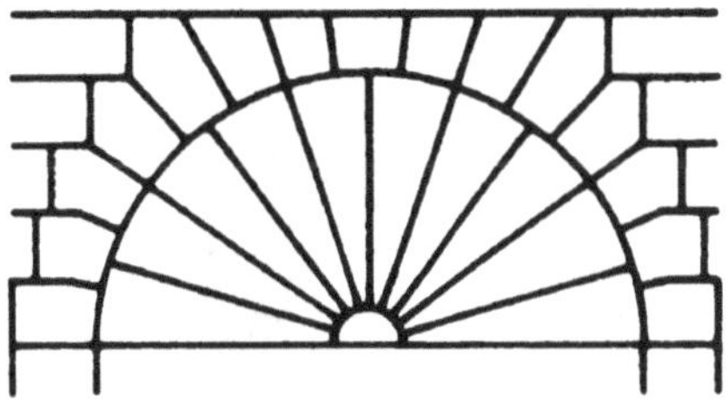

Abb.141
Gewölbeverband mit radialen Monolithsteinen
appareil de voûte à monolithes en panache

noch Gewölbeverband

Gewölbeverband*, radial steigender m, auch Muschelschicht f: Wölbverband aus radial angeordneten Wölbsteinen, die sich nach oben verbreitern, gewissermaßen anschwellen; vor allem bei Muschelgewölben, Konchen, Pendentifs und Trompen. - sic Abb.39
appareil de voûte en coquille m, auch ~ de voûte en panache

Gewölbeverband* mit radialen Monolithsteinen m - Abb.141
appareil de voûte à monolithes en panache m

Gewölbeverband*, versetzter m, versetzter Verband m: Mauerverband mit Schichten verschieden gelagerter Steine, z.B. mit liegenden und stehenden Schichten. - sic Abb.143
appareil de voûte en assises changeantes m

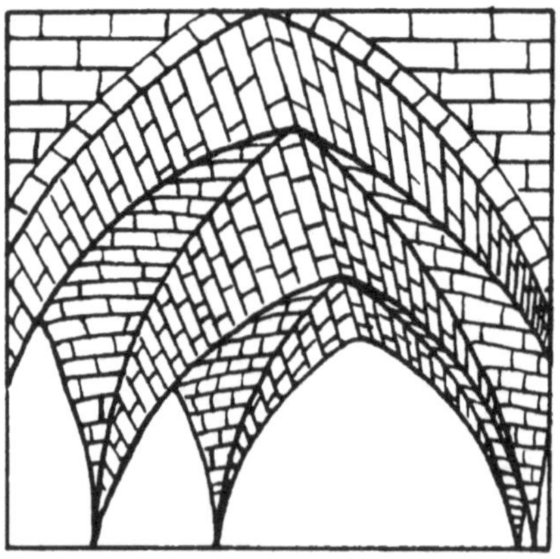

Abb.142
Kuff
appareil assisé

noch Gewölbeverband

Kuf(f)*m, Kufverband m: Verband in ebenen Schichten, die in Richtung der Scheitellinie (bzw. Kämpferlinie) des Gewölbes oder der Gewölbekappe verlaufen; die Mehrzahl der Gewölbe ist "auf Kuff" gemauert. - Abb.142

appareil (de voûte) assisé m

Gewölbe auf Kuff n

voûte assisée

Ringschicht*, bogenförmige f: Gewölbeverband, bei dem die Wölbschichten bogenförmig von einem Widerlager über den Gewölbescheitel zum anderen Widerlager (z.B. bei Tonnen) oder parallel zum Stirnbogen (z.B. bei Kreuzgewölben) angeordnet sind. - Abb.140, Nr.1

appareil (de voûte) en assises arquées m

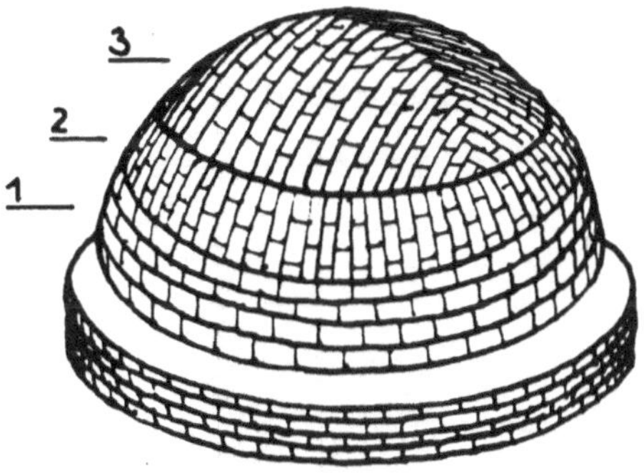

Abb.143
kreisförmige Ringschicht
appareil en assises concentriques

1 liegende Schicht
  assise posée à plat
2 stehende Schicht
  assise posée de champ
3 Schwalbenschwanz
  appareil en chevrons

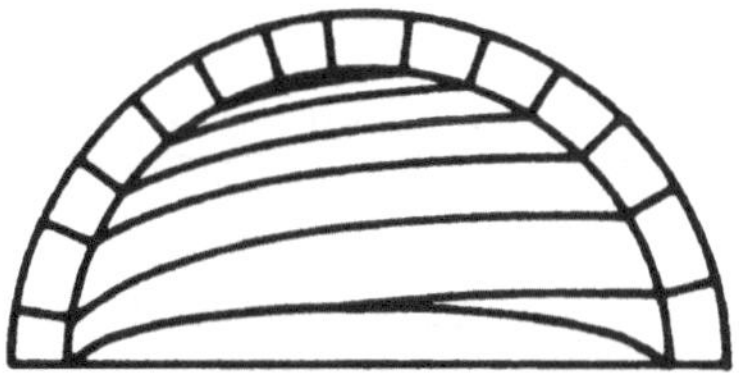

Abb.144
spiralförmige Ringschicht
appareil en assises en limaçon

noch Gewölbeverband/Ringschicht

Tonne in Ringschicht f
(voûte f en) berceau appareillé en assises arquées m

Ringschicht*, kreisförmige f: Gewölbeverband, bei dem die Wölbschichten in horizontalen, konzentrischen Kreisen angeordnet sind, z.B. bei Kuppeln. - Abb.143
appareil (de voûte) en assises concentriques m

Ringschicht*, spiralförmige f - Abb.144
appareil (de voûte) en assises en limaçon m

Kuppel in spiralförmiger Ringschicht f
coupole appareillée en assises en limaçon f

noch Gewölbeverband

Schwalbenschwanz*m, Schwalbenschwanzverband m: Gewölbeverband mit schräggestellten Schichten, die V-förmig aufeinander treffen.
- Abb.145
appareil (de voûte) en chevrons m

Gewölbewange*f, Wange f: Ausschnitt aus einer Zylinderfläche mit geradlinigem Ansatz; vier dreieckige Gewölbewangen können z.B. ein vierseitiges → Klostergewölbe mit Kehlen und Scheitelpunkt bilden; im Gegensatz zu den → Gewölbekappen besitzen die Gewölbewangen keine Stirnöffnung; → Muldengewölbe. - sic Abb.24
voûtain en arêtes rentrantes m, quartier en arêtes rentrantes m, auch canton en arêtes rentrantes m

Grat m: von zwei sich überschneidenden Flächen gebildete Kante; → Kehle.
arête (saillante) f; aus V-förmigen → Gratsteinen ~ à voussoirs en V, auch enfourchement m

Doppelgrat m; → Gratgewölbe.
arêtes doubles f pl

Grat, dreifacher m; → Gratgewölbe.
arêtes triples f pl

Rückengrat m: am Extrados vortretender Grat, z.B. bei der Spitztonne.
arête d'extrados f

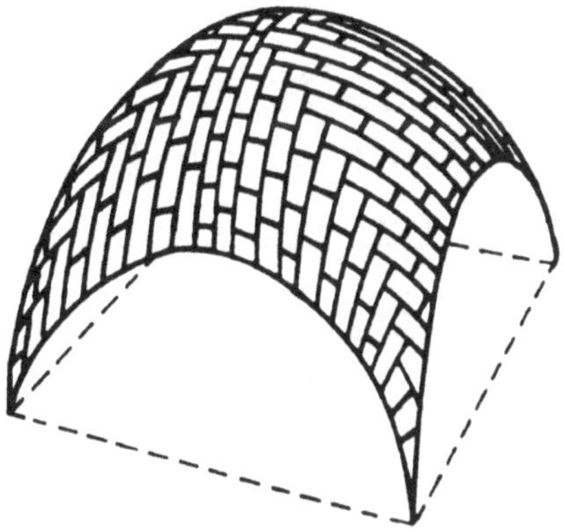

Abb.145
Hängekuppel
im Schwalbenschwanz
coupole suspendue
appareillée en chevrons

Gratbogen m: Bogenlinie, die an einem Grat verläuft, z.B. zwischen den Gewölbekappen im Kreuzgratgewölbe; → Kehlbogen.
arc en arête m, ~ formant arête

gratig: mit einem Grat versehen.
à arête

Gurtbogen*m, auch Gurt m: quer zur Achse eines Gewölbes gespannter Entlastungsbogen, z.B. bei der Tonne und beim ausgeschiedenen Kreuzgewölbe; → Gurtgewölbe. - sic Abb.20
arc doubleau m, doubleau m

Gurtträger m: Stütze eines Gurtbogens; als Pfeiler, Säule, Dienst oder Kragstein ausgebildet; - bei einigen Autoren auch Bezeichnung für Bandrippe.
butée d'arc doubleau f

noch Gurtbogen

Gurtweite f, Gurtbogenweite f: Abstand zwischen Gurtbogen (in Achsenrichtung) von Mitte zu Mitte; → Gurtgewölbe.
entre-axe de doubleaux m, auch intervalle entre des travées m

Längsgurt m
doubleau longitudinal m

Obergurt m: am Extrados sichtbarer Gurtbogen.
rouleau supérieur (du doubleau) m

Quergurt m
doubleau transversal m

Schildgurt m; → Stirnmauer.
arc doubleau engagé m

Schwibbogengurt m
doubleau-diaphragme m

Untergurt m: am Jntrados sichtbarer Gurtbogen.
rouleau inférieur (du doubleau) m

Verstärkungsgurt m: Entlastungsbogen für Gewölbe großer Spannweite.
rouleau de renfort m, ~ de décharge

Kämpfer*m, Gewölbekämpfer m: Deckplatte über einer Stütze; zu unterscheiden vom Kämpfer als Widerlager; vgl. GlA, Faszikel 3. - Abb.1
imposte m, auch culot m

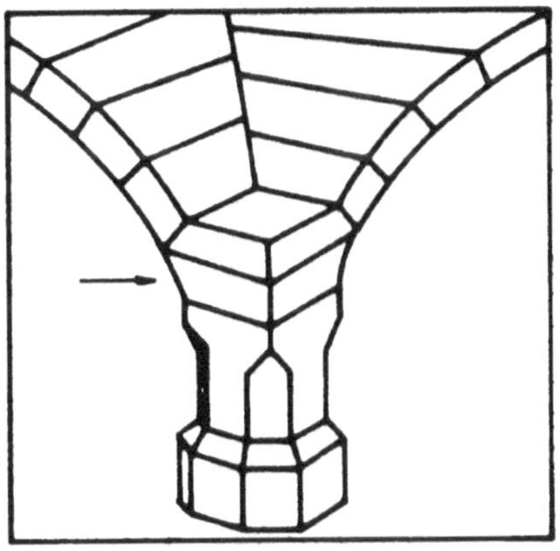

Abb.146
Kämpfer
imposte

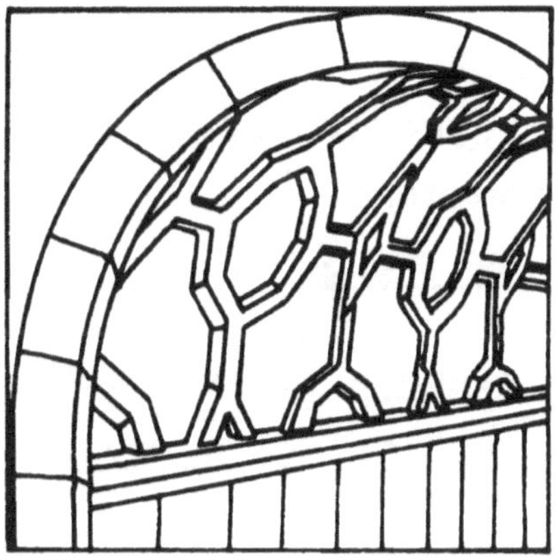

Abb.147
Kassette
caisson

Kassette*f: vertieftes, gerahmtes Feld in der Leibung eines Kassettengewölbes, einer Kassettenkuppel oder eines Bogens von quadratischer, rautenförmiger, polygonaler oder runder Form; symmetrisch angeordnet und oft mit Rosetten, figürlichem Schmuck oder Gemälden versehen.
- Abb.147
caisson m

Kehlbogen m: Bogenlinie, die an einer Kehle verläuft, z.B. im Klostergewölbe; → Gratbogen.
arc en arête rentrante m

Kehle*f: rinnenartige Einziehung zwischen zwei Gewölbewangen, z.B. am Jntrados des Klostergewölbes; → Grat. - Abb.1, Nr.6
arête rentrante f

Kragstein m, auch Tragstein m, Balkenstein m, Kraftstein m, Notstein m: auskragender Stein, der eine Last (Gurtbogen, Rippen, Plastik etc.) aufnehmen kann.
tas de charge m, pierre d'attente f

Kuppelachse f: senkrechte Mittelachse einer Kuppel.
axe vertical de coupole m

Kuppeldach n (1): über dem Rücken einer Kuppel eigens konstruiertes und gedecktes Dach.
dôme m

Kuppeldach n (2): der mit Dachdeckung versehene Rücken einer Kuppel.
extrados (de coupole) en couverture m; daher diese Kuppel selbst coupole à extrados en couverture f

Kuppeldach, geripptes n
dôme nervuré m

Kuppeldach, geschraubtes n, spiralförmiges ~: Kuppeldach mit spiralförmig aufsteigenden Graten.
dôme tors m, ~ en spirale

Kuppeldach, gestelztes n
dôme surélevé m

Vielpaß-Kuppeldach n: Kuppeldach auf einer paßförmigen Grundfläche.
dôme à côtes m

Kuppelfenster*n - Abb.83, Nr.5
fenêtre de coupole f

Kuppelfuß m: Anfangsschicht der Kuppel; der Kuppelfuß ruht auf Pendentifs oder Trompen, Türkischen Dreiecken, Schwibbogen oder einem Tambour, auf ebenen vorkragenden Steinplatten (dalles plafonnantes, dalles angulaires) oder über einem Dreiecksfries (zone triangulée); → Anfangsschicht.
assise de sommiers de coupole f

Kuppelkappe*f, Kappe f: die Gewölbekappe der Kuppel. - Abb.83, Nr.4
voûtain m, pan de dôme m

Kuppelkappe, konvexe f
côte de dôme f

Kuppelraum m: von einer Kuppel überwölbter Raum; → Kuppeltragwerk.
»espace sous coupole« m

Kuppelschale f, Schale f: die massive (gemauerte) Konstruktion einer Kuppel; → Kuppelverband, → einschalige Kuppel, → mehrschalige Kuppel.
calotte de coupole f, voûte de coupole f

Kuppelscheitel*m: der höchste Punkt der Leibung einer Kuppel. - Abb.83, Nr.3
sommet de coupole m

Kuppeltragwerk*n, Kuppelträger m pl: alle tragenden Bauglieder, auf denen eine Kuppel ruht; → Kuppelraum. - Abb.83, Nr.8
support de coupole m, éléments porteurs de coupole m pl

Kuppelverband m: der Mauerverband einer Kuppel; → Gewölbeverband.
appareil (clavé) de coupole m

Last f, Auflast f: der auf Stützen, Träger und Widerlager durch Belastung ausgeübte Druck; → Gewölbeschub.
charge f

Dachlast f
charge de toit f

Eigenlast f, Totlast f
charge permanente f, ~ fixe

Gewölbelast f, Gewölbeauflast f
charge de voûte f

Lastkomponenten f pl
composantes de charge f pl

Schneelast f
charge due à la neige f

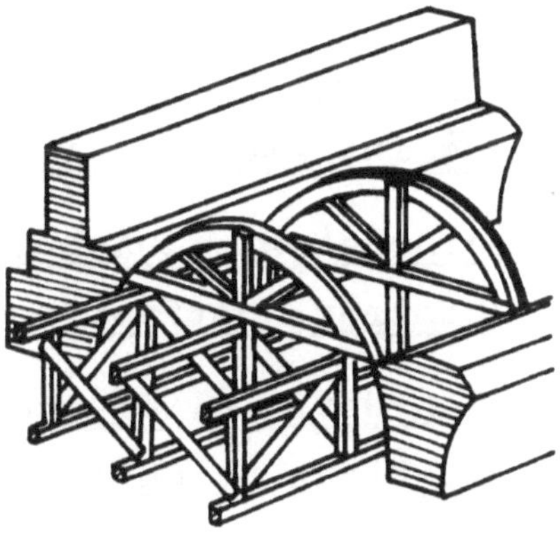

Abb.148
Lehrgerüst
cintre

noch Last

Verkehrslast f, Nutzlast f
charge variable f, ~ roulante

Windlast f
charge due au vent f

Laterne*f: bekrönender Aufsatz mit Öffnungen zur Beleuchtung eines Innenraumes, z.B. im Scheitel einer Kuppel oder eines Klostergewölbes.
- sic Abb.96 und 97
lanternon m

Lehrgerüst*n, Wölbgerüst n: tragendes hölzernes Gerüst für den Gewölbebau; → Lehrbogen (GlA 3). - Abb.148
cintre (de construction d'une voûte) m, charpente (d'une voûte) f

abrüsten, abnehmen
décintrer, desceller les cintres

noch Lehrgerüst

Abrüsten n, Abnahme f
décintrement m, décintrage m

einrüsten, einschalen, berüsten, ausrüsten
cintrer, coffrer, poser les cintres, poser le couchis

Einrüsten n, Einschalen n
cintrage m, coffrage m

Luftloch n: Öffnung zur Belüftung eines Gewölbes etc.
trou d'aération m

Scheitelloch n: Luftloch im Scheitel eines Gewölbes.
trou d'aération au sommet de voûte m

Netzfeld n, Netzrippenfeld n: das → Gewölbefeld eines engmaschigen Rippengewölbes; je nach der Lage des Netzfeldes im Raumbogenfeld - also im Bereich des Scheitels oder der Widerlager oder am "Kopf" eines Gewölbes im Übergang in ein anderes - werden von einigen Autoren folgende Termini gebraucht: Kopfnetzfeld, offenes und geschlossenes Randnetzfeld, Scheitelnetzfeld, Strahlennetzfeld, Zwickelnetzfeld.
champ de voûte réticulée f

Randbogen*m: ein Gewölbe begrenzender Bogen, z.B. die Gurt- und Scheidbogen beim Kreuzgewölbe. - Abb.1, Nr.10
arc d'encadrement m, auch ~ de bord, ~ bordant une voûte

<u>Schalung</u> f: Auflage von Schalbrettern auf das Lehrgerüst als Unterlage für die Wölbsteine anläßlich der Aufmauerung eines Gewölbes; eine Hilfskonstruktion, die nach dem Trocknen des Mörtels oder Betons abgenommen wird; → freihändige Einwölbung.
<u>coffrage</u> m

<u>Schicht</u> f, <u>Schar</u> f, auch <u>Mauerschicht</u> f: waagerechte Steinlage von gleicher Höhe.
<u>assise</u> f, <u>rang</u> m

<u>Anfangsschicht</u>*f, auch <u>Anfängerschicht</u> f, <u>Kämpferschicht</u> f, <u>Kämpfersteinschicht</u> f, <u>Füßel</u> n (österr.): die Steinschicht der → Anfänger; → Gewölbesohle, → Kuppelfuß. - Abb.125, Nr.2
<u>assise de sommiers</u> f, <u>rang de sommiers</u> m; die obere Lagerfläche der Anfänger <u>lit en coupe de sommiers</u> m

noch Schicht

Gewölbesohle f: die untere Lagerfläche der Anfangsschicht; sie berührt die → Aufstandsfläche (G1A 3).
lit inférieur (de l'assise) de sommiers m

Schicht*, liegende f - Abb.143, Nr.1
assise posée à plat f

Schicht*, stehende f - Abb.143, Nr.2
assise posée de champ f

Schlußsteinschicht f: durch den Schlußstein verlaufende Wölbschicht.
assise (de voussoirs) passant par la clef f, rang (de voussoirs) passant par la clef m

Wölbschicht f, Gewölbeschicht f, Wölbschar f, auch Bogenschicht f: die einzelne Schicht der → Wölbsteine; → Gewölbeverband.
assise de voussoirs f, rang de voussoirs m

Spiegel*m: ebenes Mittelstück eines → Spiegelgewölbes. - sic Abb.41 und 42
fond plat m

Stalaktit*m, Mugarnas m: Schmuckform der islamischen Kunst, die dem von der Höhlendecke nach unten wachsenden gleichnamigen Tropfstein gleicht; die Stalaktiten bestehen aus einzelnen Klötzchen aus Holz oder Stuck oder sind auf Gips- oder Holzlehren gefertigt; → Stalaktitengewölbe. - sic Abb.66
stalactite m

Stich*m, Gewölbestich m: Überhöhung des Scheitels eines Kreuzgewölbes gegenüber der Scheitelhöhe der Schild- und Gurtbogen durch Anhebung der Scheitellinien der Gewölbekappen; zu unterscheiden vom Stich = Stichhöhe und von der Busung; → Gewölbe mit Stich. - sic Abb.19
surhaussement (de sommet) m

Bogenstich m: Stich mit gebogener Scheitellinie, z.B. beim romanischen Kreuzgewölbe im Gegensatz zum römischen Kreuzgewölbe, das ohne Stich ist.
surhaussement incurvé (de sommet) m

Stich, gerader m: Stich mit geradlinig steigender oder fallender Scheitellinie.
surhaussement droit (de sommet) m

Stichhöhe*f, Pfeilhöhe f, Stich m, Pfeil m, Wölbhöhe f, Gewölbehöhe f, Gewölbepfeil m: der Abstand zwischen Sehne und Scheitel des Gewölbes; zu unterscheiden vom Stich des überhöhten Scheitels und von der Scheitelhöhe. - Abb.1, Nr.9
flèche (d'une voûte) f

Stirnmauer f, Schildmauer f, Stirnwand f, Schildwand f: Umfassungsmauer eines überwölbten Raumes, die keinen Gewölbeschub aufzunehmen hat; an ihr liegt der → Schildbogen (G1A 3); im Gegensatz zur Widerlagsmauer.
mur de clôture m, ~ de retenue

Strebebogen m, Hochschiffstrebe f, auch einfacher ~: im gotischen Strebewerk zur Aufnahme des Schubs der Gewölbe gespannter, ansteigender Bogen; → Strebebogen (G1A 3).
arc-boutant m, auch ~-boutant simple, ~-boutant à une volée

Doppelstrebebogen*m, auch doppelter Strebebogen m: Strebebogen mit zwei übereinander gespannten Bogen. - Abb.149
arc-boutant double m, batterie à arcs superposés f, batterie d'arcs-boutants f, auch ~-boutant à double batterie

Strebemauer*f: zur Längsachse einer Mauer quergestellte, oft sich verjüngende Verstärkungsmauer; → Strebepfeiler. - Abb.150
mur-boutant m

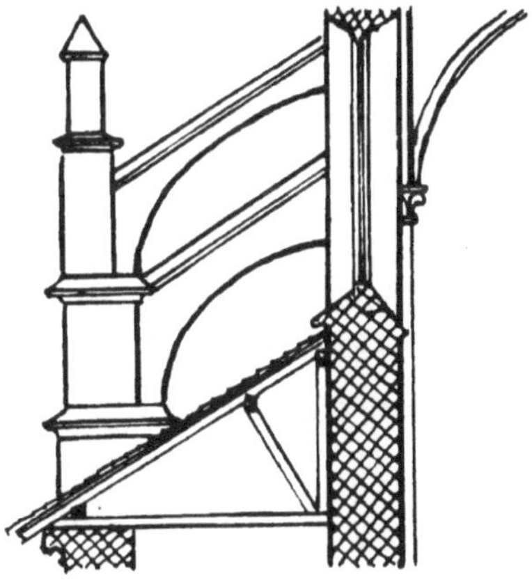

Abb.149
Doppelstrebebogen
arc-boutant double

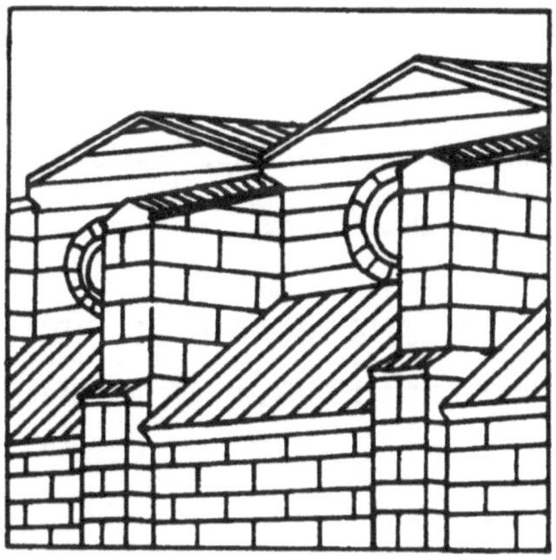

Abb.150
Strebemauer
mur-boutant

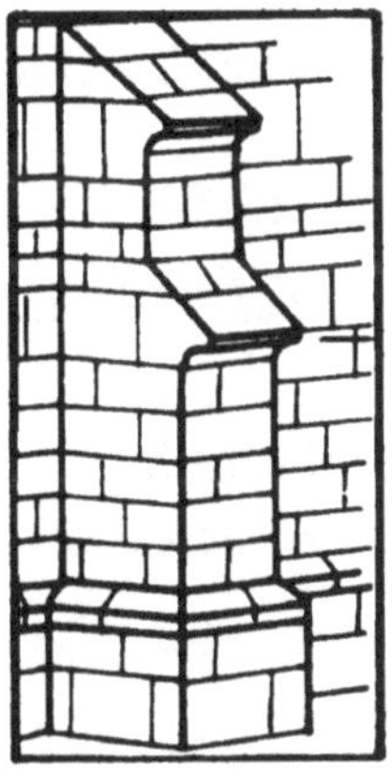

Abb.151
abgekaffter
Strebepfeiler
contrefort amorti

noch Strebemauer

Strebemauer, geböschte f
mur-boutant taluté m

Strebepfeiler*m[1], auch Verstärkungspfeiler m, Strebe f: pfeilerartige Mauerverstärkung an einem Punkt, der hohen Druck- und Schubkräften ausgesetzt ist; meist schräg gegen eine Mauer gestellt bzw. abgekafft; nach außen vorspringend oder auch nach innen eingezogen; bei Basiliken an der Umfassungsmauer der Seitenschiffe gelegen und mit Strebebogen versehen; → Strebemauer. - Abb.151
contrefort m

Strebepfeiler*, abgekaffter m - Abb.151
contrefort amorti m

[1] vgl. Fußnote S.120

noch Strebepfeiler

Strebepfeiler*, geböschter m, schräger ~ - Abb.152
contrefort taluté m, ~ en talus

Strebewerk n: Konstruktion zur Aufnahme von Lastkomponenten aus Druck- und Schubkräften; bei der gotischen Basilika aus Strebepfeilern und Strebebogen bestehend.
contrefort à arcs-boutants m

Stütze f[1]: tragende Säule, Pfeiler oder Pfosten usw.
support m, piédroit m

Stützenwechsel*m: jambisch oder daktylisch wechselnde Folge verschiedener Stützen; → gebundenes Gewölbesystem. - Abb.153
alternance de supports f

Tambour*m, auch Trommel f, Gewölbetrommel f: der zylindrische, manchmal auch vieleckige Unterbau einer Kuppel, der zwischen die Anfangsschicht und die Widerlager des Gewölbes eingefügt und meist mit Fenstern versehen ist; → Tambourkuppel. - Abb.83, Nr.1
tambour m

Kranzgesims*n - Abb.83, Nr.6
corniche f

Tambourfenster*n - Abb.83, Nr.7
fenêtre de tambour f

[1] vgl. Fußnote S.120

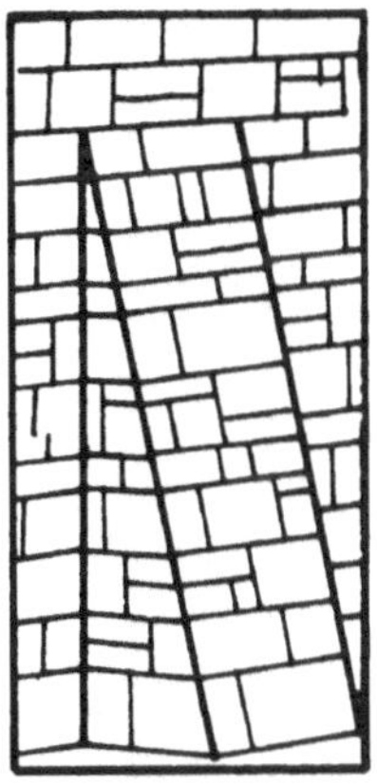

Abb.152
geböschter Strebepfeiler
contrefort taluté

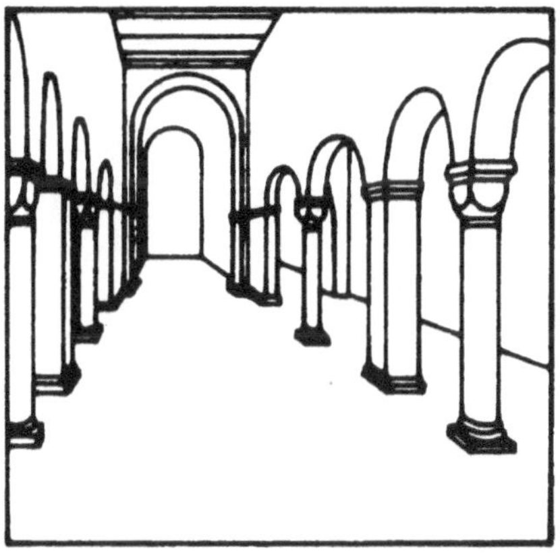

Abb.153
Stützenwechsel
alternance de supports

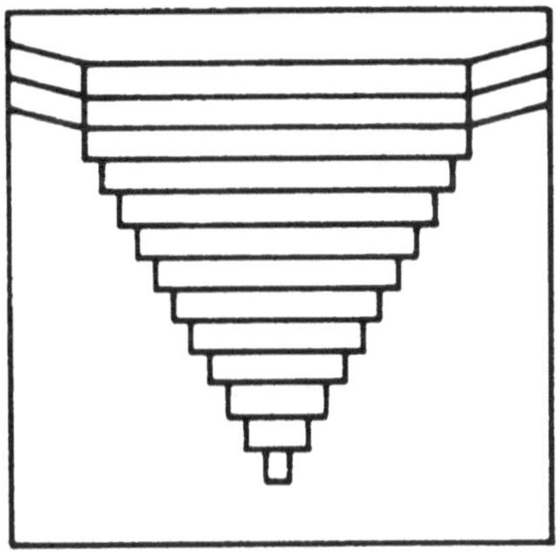

Abb.154
Türkisches Dreieck
pyramide angulaire renversée

Türkisches Dreieck*n: vorkragender Kuppelträger ebener oder gebrochener Fläche in der Form einer umgekehrten Pyramide; → Trompe. - Abb.154
pyramide angulaire renversée f

Widerlager*n, Kämpfer m, Widerlage f, auch Gewölbekämpfer m, Gewölbewiderlager n: Bauglied, dessen Funktion es ist, Last und Schub des Gewölbes aufzunehmen; zu unterscheiden vom Kämpfer als Deckplatte.
- Abb.1, Nr.1
contrefort m, butée f, auch culée f

Widerlagsmauer*f: Mauer, die Druck und Schub eines Gewölbes aufnimmt; → Stirnmauer. - Abb.125, Nr.1
mur porteur m, ~ de butée

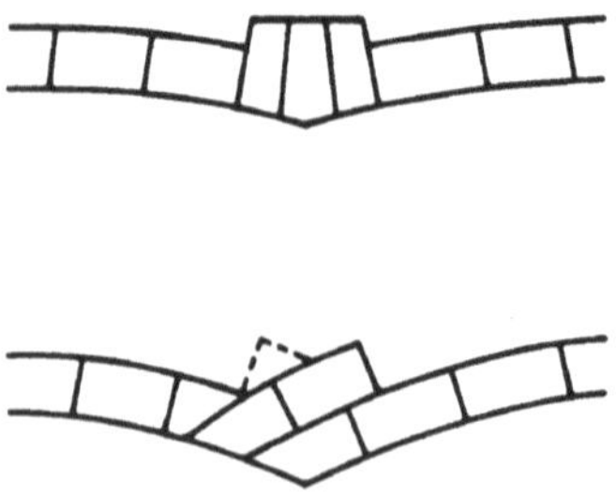

Abb.155
Gratschnitt
taille des arêtes f

Wölbkunst f
art (de construire) des voûtes m

Wölbstein m, Gewölbestein m, auch Wölber m, Gewölbekeilstein m: keilförmiger Stein mit gekrümmten Leibungsflächen; sofern die vier schrägen Lagerflächen des Wölbsteines konvergieren, spricht man von lit en coupe m; falls sie nicht konvergieren, spricht man von lit en fausse-coupe m; → Wölbschicht.
voussoir m, auch claveau (à douelle) m

Anfänger*m, auch Anfangstein m, Gewölbeanfänger m: der erste Wölbstein über dem Kämpfer; → Anfangsschicht. - Abb.125, Nr.2
sommier (de voûte) m

eintreiben: einen Wölbstein in das Gewölbe einfügen.
claver

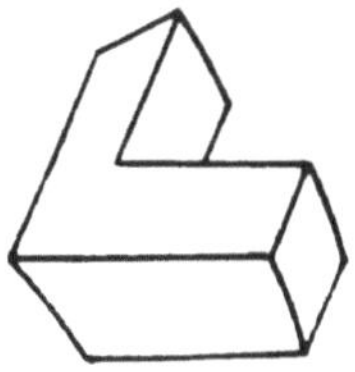

Abb.156
Gratstein
voussoir arêtier

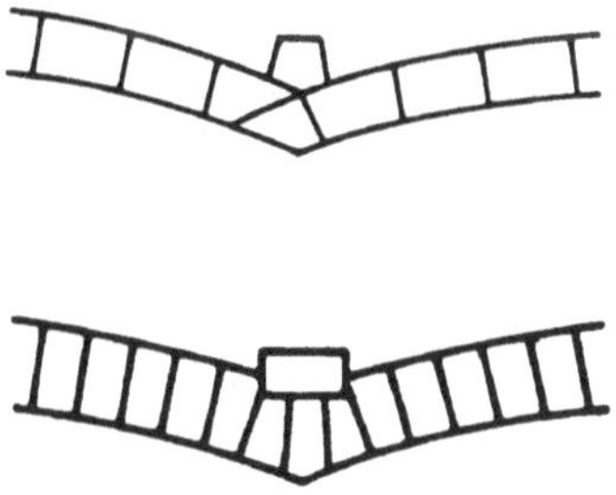

Abb.157
Gratverstärkung
renforcement d'arête

noch Wölbstein

<u>Gratschnitt</u>*m: Behauen der Steine zur Ausbildung eines Grates. - Abb.155
<u>taille des arêtes</u> f

<u>Gratstein</u>*m, <u>Gratwölbstein</u> m: Wölbstein, der am Grat eines Gewölbes eingefügt ist und einen besonderen Steinschnitt zeigt. - Abb.156
<u>voussoir arêtier</u> m, auch <u>~ formant arête</u>; in der Form des Hakensteins <u>~ (arêtier) en crossette</u>; in V-Form <u>~ (arêtier) en V</u>

<u>Gratverstärkung</u>*f: Hinzufügung überlagernder Steine über einem Grat zur Aufnahme von Schubkräften. - Abb.157
<u>renforcement d'arête</u> m

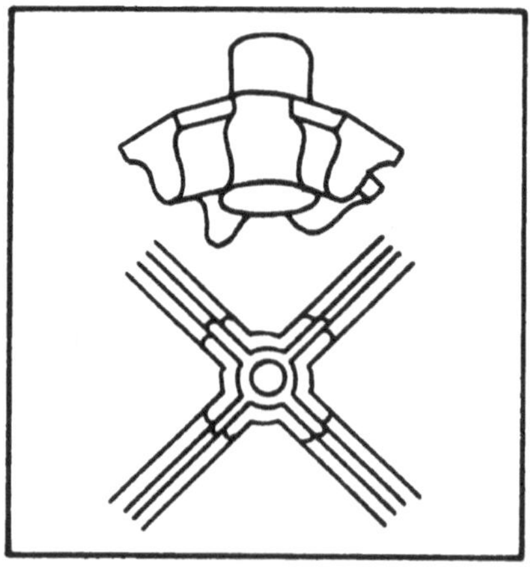

Abb.158
Schlußstein
clef

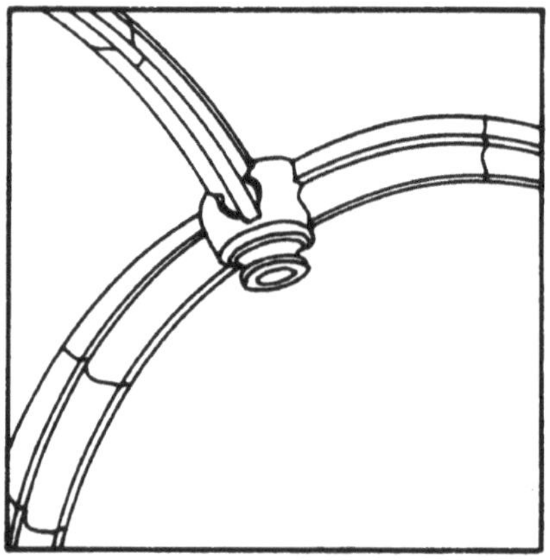

Abb.159
Kringel
clef en anneau

noch Wölbstein

Schlußstein*m, Gewölbeschlußstein m: höchster, das Gewölbe spannender → Wölbstein; → Scheitelstein, → Rippenkranz. - Abb.158
clef (de voûte) f, clausoir m, closoir m; als undekorierter Schlußstein mensole f

Dreistrahl-Schlußstein*m - Abb.173, Nr.11
clef de tierceron f

Kringel*m, Schlußscheibe f: runder Schlußstein. - Abb.159
clef (de voûte) en anneau f, ~ (de voûte) en disque

Gewölbekrone*f: reich verzierter Schlußstein. - Abb.160
clef (de voûte) ornée f, ~ (de voûte) décorée

Wölbziegel m
voussoir en brique m

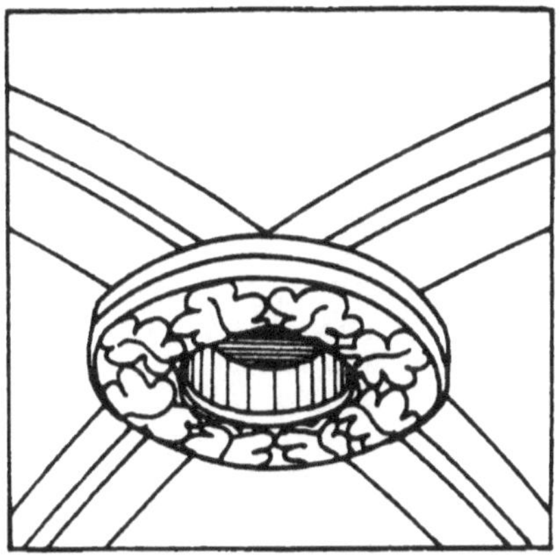

Abb.160
Gewölbekrone
clef ornée

Wölbungsbau m: durch die Verwendung von Bogen und Gewölben bestimmter Baustil; im Gegensatz zum Architravbau.
architecture voûtée f

Zwickel, gekrümmter m, gewölbter Zwickel m: dreieckige Aufmauerung in Form eines Zylindersegmentes, also nur mit bogenförmigem Grundriß; zu unterscheiden vom sphärisch gewölbten Pendentif; → Zwickel (GlA 3).
écoinçon incurvé m

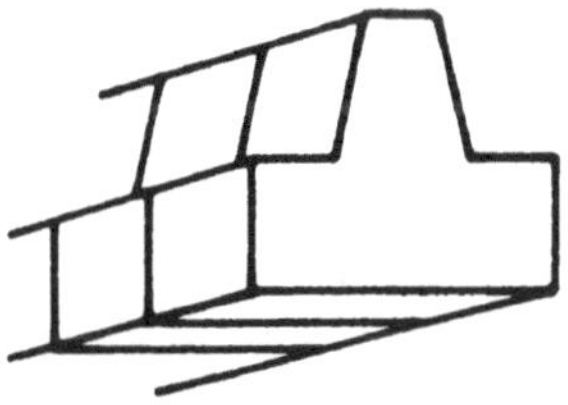

Abb.161
Bandrippe
nervure rectangulaire

8. RIPPEN
NERVURES

Rippe f, Gewölberippe f: selbständig gemauertes, stabartiges Tragelement eines Gewölbes; meist aus profilierten, an der Leibung vortretenden Steinen gebildet; vielfach als Zierrippe auch rein dekorativ verwendet.
nervure f, auch arc m

8a. Rippenprofile
Profils de nervures

Bandrippe*f, Gurtrippe f, Gurt m, auch lombardische Rippe f, Breitkantrippe f: bandartige Rippe mit rechteckigem Profil; zu unterscheiden von der Gurtrippe als Gurtbogenrippe. - Abb.161
nervure rectangulaire f

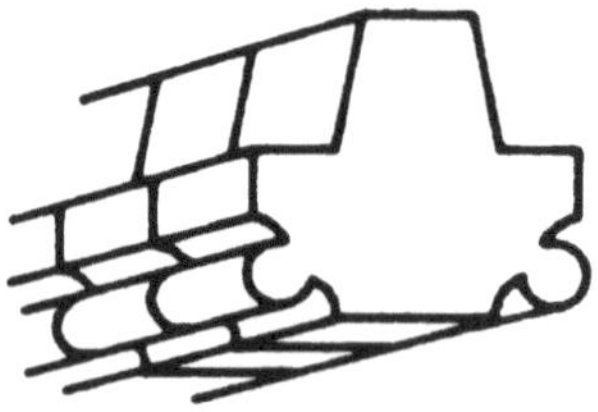

Abb.162
Bandrippe mit
Rundstäbchen
nervure rectangulaire
à baguettes

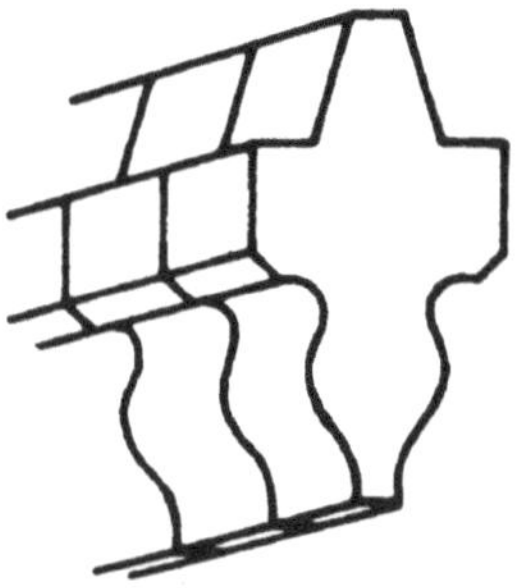

Abb.163 und 164
Birnstabrippe
nervure à tore
en soufflet

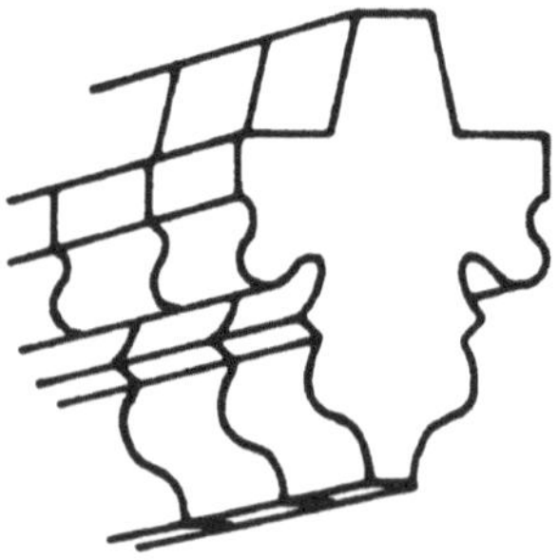

Abb.164

noch Bandrippe

Bandrippe* mit Rundstäbchen f - Abb.162
nervure rectangulaire à baguettes f, ~ rectangulaire à tores

Birnstabrippe*f: meist ausgekehlte Rippe mit birnenförmigem Profil. - Abb.163 und 164
nervure à tore en soufflet f, ~ à tore à bec

Birnstabrippe, abgekappte f
nervure à tore en soufflet coupé f

Birnstabrippe mit Steg f
nervure à tore à listel f

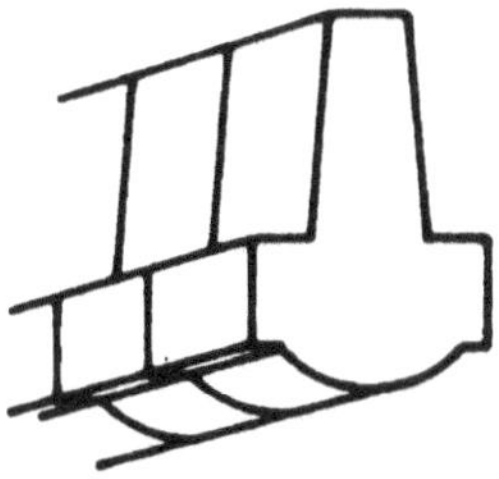

Abb.165
Flachstabrippe
nervure à profil
segmentaire

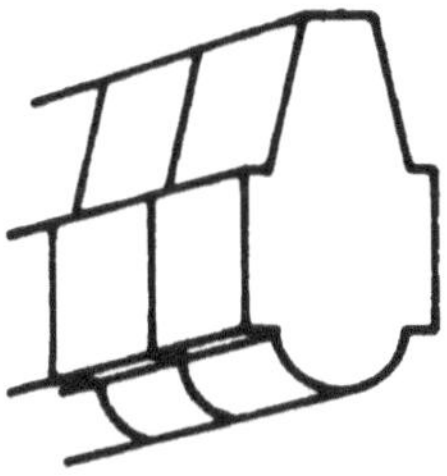

Abb.166
Halbstabrippe
nervure à profil
demi-circulaire

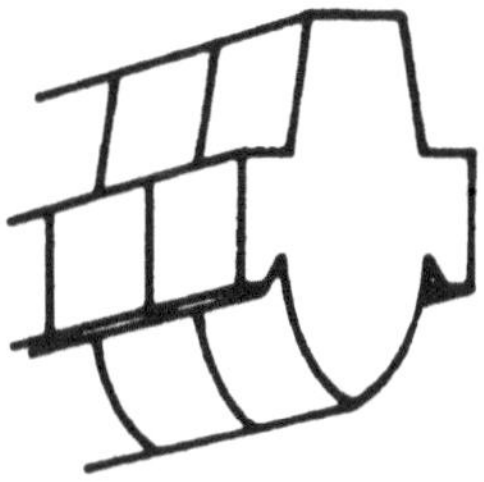

Abb.167
Mandelstabrippe
nervure à tore
en amande

Dreiviertelstabrippe f; → Rundstabrippe.
nervure à trois quart-de-ronds f

Flachstabrippe*f; → Rundstabrippe. - Abb.165
nervure à profil segmentaire f

Halbstabrippe*f, auch Einhalbstabrippe f; → Rundstabrippe. - Abb.166
nervure à profil demi-circulaire f

Mandelstabrippe*f: Rippe mit mandelförmigem Profil. - Abb.167
nervure à tore en amande f

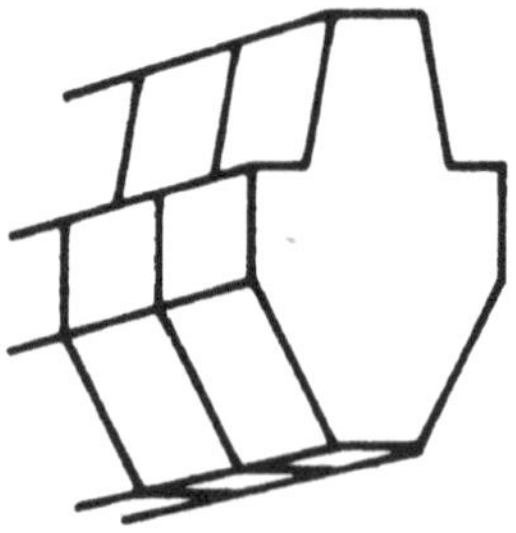

Abb.168
abgeschrägte Rippe
nervure chanfreinée

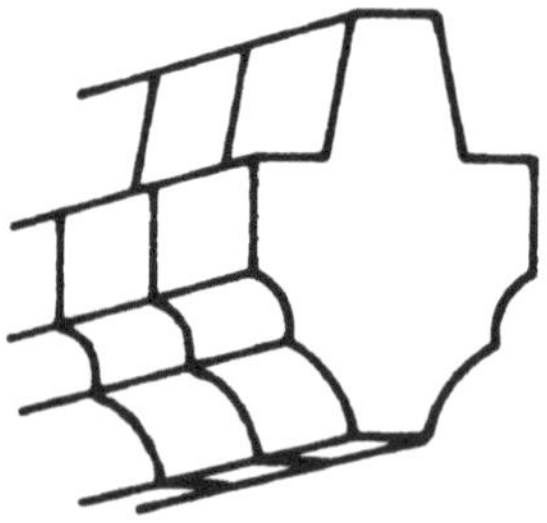

Abb.169
ausgekehlte Rippe
nervure à gorges

Rippe*, abgeschrägte f - Abb.168
nervure chanfreinée f, ~ à chanfreins

Rippe*, ausgekehlte f: mit Kehlen versehene Rippe; zu unterscheiden von Kehlrippe. - Abb.169
nervure à gorges f, ~ à canaux

Kehle, breite f
gorge large f

Kehle, platte f
gorge aplatie f

Kehle, runde f
gorge ronde f

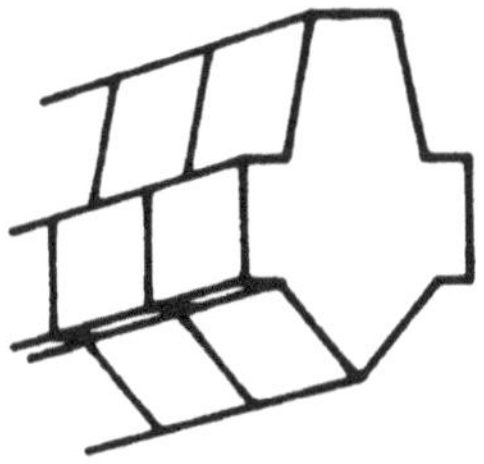

Abb.170
Rippe mit Doppelschmiege
nervure à chanfrein double

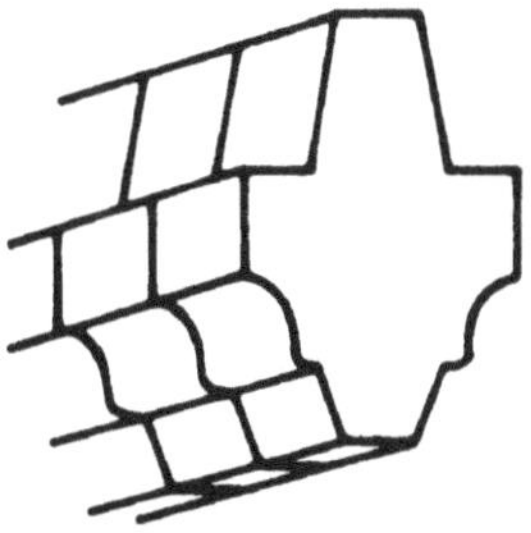

Abb.171
Rippe mit Karnies
nervure en doucine

noch ausgekehlte Rippe

Kehle, schmale f
gorge étroite f

Rippe* mit Doppelschmiege f - Abb.170
nervure à chanfrein double f, ~ en biseau

Rippe* mit Karnies f - Abb.171
nervure en doucine f

Rippe mit Riemchen f
nervure à réglets f

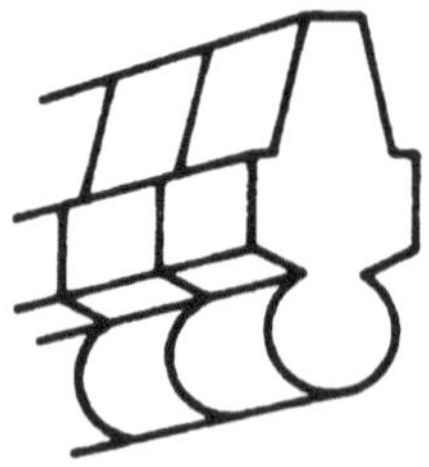

Abb.172
Rundstabrippe
nervure à tore

Rippe, profilierte f
nervure chantournée f

Rundstabrippe*f: Rippe mit rund ausladendem Profil; → Flachstabrippe, → Viertelstabrippe, → Halbstabrippe, → Dreiviertelstabrippe. - Abb.172
nervure à tore f

Rundstäbchen n
baguette f

Stab, geschärfter m: gespitzter Rundstab, ein Vorläufer des Birnstabs.
tore brisé m

Torus m, Rundstab m
tore m

Viertelstabrippe f; → Rundstabrippe.
nervure à quart-de-rond f

Abb.173[1]
Rippen
nervures

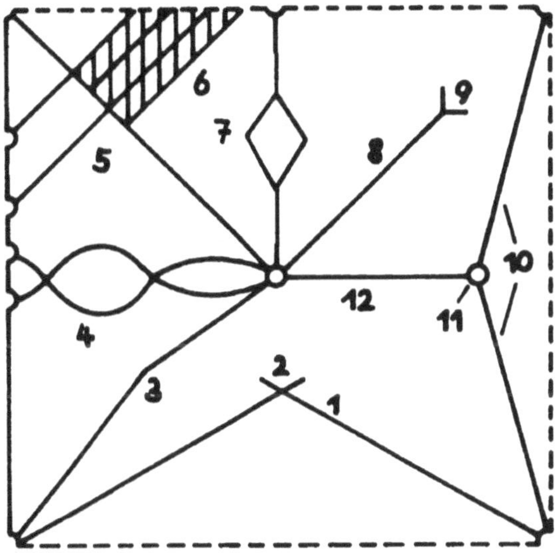

1	Stutzrippe	nervure tronquée
	sich kreuzende Rippen	nervures entrecroisées
2	Rippenstumpf	tronçon de nervure
	Rippenstumpfkreuz	croix de tronçons de nervures
3	Knickrippe	nervure brisée
4	Schwingrippe	nervure curviligne
5	Parallelrippe	nervure parallèle
6	Masche	maille
7	Scheitelschere	losanges sommitaux
8	Gabelrippe	nervure enfourchée
9	Rippengabel	fourche de nervures
	Gabelpunkt	enfourchure
10	Dreistrahl	tierceron
11	Dreistrahl-Schlußstein	clef de tierceron
12	Verbindungsrippe	lierne

8b. <u>Rippenformen und Rippenbilder</u>
<u>Formes et figures décoratives des nervures</u>

<u>Astrippe</u> f: mit Aststümpfen gezierte Rippe.
<u>nervure écotée</u> f, <u>~ à chicots de branches</u>

[1] vgl. auch Abb.196

Diagonalrippe*f: 1. diagonal zur Längsachse des Gebäudes verlaufende Rippe; bei reichen Maschengewölben können Rippen an den verschiedensten Diagonalen angebracht sein, z.B. an Jochdiagonalen, Zwischendiagonalen, Oktogondiagonalen und Gabeldiagonalen (vgl. Schulze); → Diagonalrippengewölbe. - sic Abb.54

nervure diagonale f

2. = Kreuzrippe f

ogive f, auch nervure d'~ f

Dreistrahl*m, Rippendreistrahl m: von einem Kämpferpunkt ausgehende winkelteilende Rippe (z.B. zwischen Gurt- und Schildrippe), die nicht zum Gewölbescheitel aufsteigt, sondern sich mit einer korrespondierenden Rippe meist in einem Schlußstein oder in einer Verbindungsrippe trifft und so eine dreieckige Gewölbekappe ausbildet; → Dreistrahlgewölbe. - Abb.173, Nr.10

tierceron m

Flechtrippe*f, Streberippe f: vom Gewölbekämpfer ausgehende, zur Transversal- bzw. Scheitelrippe aufsteigende Nebenrippe, meist in der Art des wiederholt und überlagernd abgerippten Dreistrahls; z.B. in der Kathedrale von Ely; → Flechtrippengewölbe, → Dreistrahl, → Schlingrippe. - sic Abb.55

»nervure doublant le tierceron« f

Gabelrippe*f: Rippe, die sich in zwei oder mehr Rippen verzweigt.
- Abb.173, Nr.8
nervure enfourchée

Gabelpunkt*m: die Stelle, an der die Gabelrippe sich teilt.
- Abb.173, Nr.9
(point m d')enfourchure f, (~ de) bifurcation f

Rippengabel*f: von Rippen ausgebildete Gabelform. - Abb.173, Nr.9
fourche (formée) de nervures f

Hängerippe*f: an den Graten eines Hängegewölbes bzw. an einem Abhängling angebrachte oder aus einem Zweischichtengewölbe herabreichende Rippe.
- sic Abb.21 und 126
nervure pendante f

Knickrippe*f, gebrochene Rippe f: abgewinkelte Rippe; → Knickrippengewölbe. - Abb.173, Nr.3
nervure brisée f

Kreuzrippe*f, Diagonalrippe f: von einer Stütze über den Gewölbescheitel zur schräg gegenüberliegenden Stütze verlaufende Rippe, die sich mit einer entsprechenden Rippe kreuzt; zu unterscheiden von der Diagonalrippe im Diagonalrippengewölbe; → Kreuzrippengewölbe. - Abb.196, Nr.9
ogive f, auch nervure d'~ f

Masche*f, Rippenmasche f: von mehreren Rippen umschlossenes kleines Gewölbefach eines Netzgewölbes; → Maschengewölbe. - Abb.173, Nr.6
maille f, auch maillon m; als quadratische M. ~ carrée; als rautenförmige M. ~ en losange

Maßwerkrippe*f: Formen des Maßwerks mit Pässen, Schneußen und Nasen ausbildende Rippe; → Maßwerkgewölbe. - sic Abb.59
nervure en tracé de réseau f, auch nervure dessinant un réseau f

Parallelrippe*f: mit einer anderen Rippe parallel verlaufende Rippe; → Parallelrippengewölbe. - Abb.173, Nr.5
nervure parallèle f

Radialrippe*f: von einem Zentrum, z.B. dem Schlußstein, radial ausstrahlende Rippe. - sic Abb.137
nervure rayonnante f

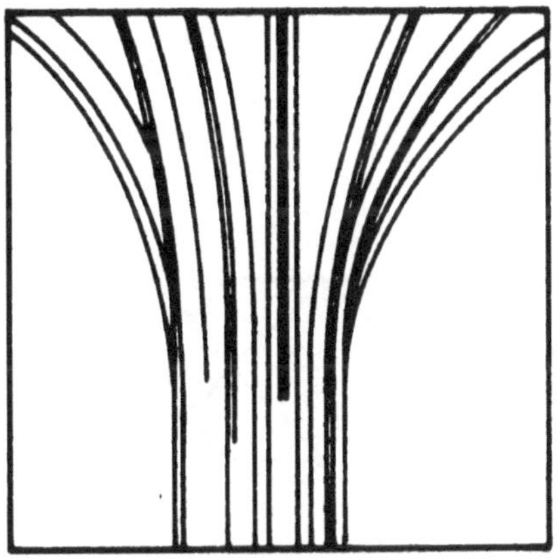

Abb.174
anschießende Rippe
nervure mourante

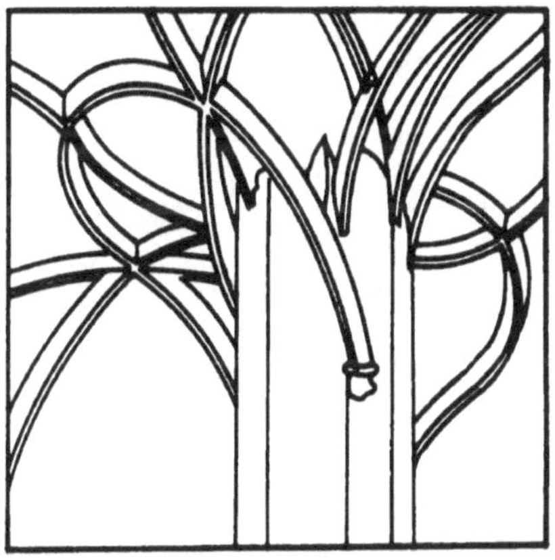

Abb.175
durchgesteckte Rippe
nervure engagée

Ringrippe f: mit zierenden Ringen versehene Rippe; zu unterscheiden vom Rippenkranz und Scheitelring; → Rippenring.
nervure baguée f

Rippe*, anschießende f: unmittelbar aus dem Stützenschaft aufsteigende Rippe. - Abb.174
nervure pénétrante f, ~ mourante (par pénétration)

Rippe*, durchgesteckte f: Rippe, die eine andere Rippe gleich einem Nadelöhr durchdringt; z.B. in der Kirche Saint-Ouen von Rouen. - Abb.175
nervure mourante (par pénétration) f, ~ pénétrante

Rippe*, schwebende f, freischwebende ~: von der Leibung sich abhebende, teilweise frei im Raum sich verzweigende Rippe, z.B. im Zweischichtengewölbe oder an einem Abhängling. - sic Abb.126
nervure pendante f

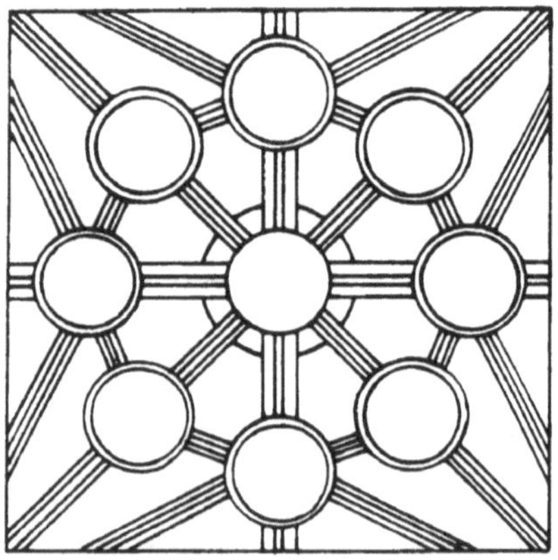

Abb.176
Rippenkranz
nervures en couronne

Abb.177
Halbschere
demi-losanges

Abb.178
Viertelschere
quart de losanges

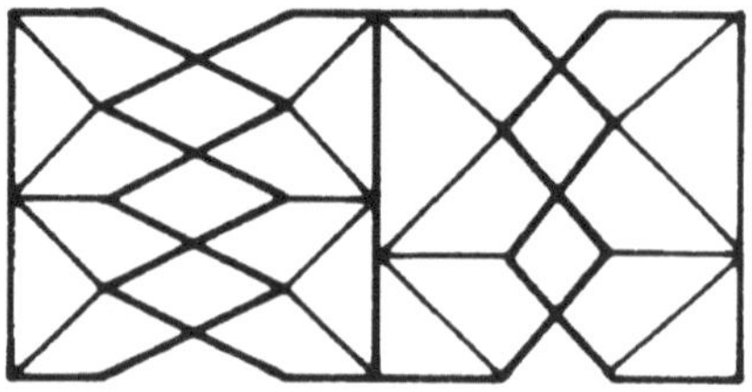

Abb.177 Abb.178

Rippen*, sich kreuzende f pl - Abb.173, Nr.1
nervures entrecroisées f pl

Rippenkranz*m, Schlußsteinkranz m, Scheitelrippenkranz m: den Gewölbeschlußstein umrahmender runder oder vieleckiger Kranz von Rippen; z.B. in der Kirche Saint-Eustache in Paris; → Scheitelring. - Abb.176
nervures en couronne f pl

Schere*f, Rippenschere f: Rhombenketten im Netzgewölbe; man unterscheidet nach ihrer Ausdehnung in der Breite des Gewölbes die Achtel-, Viertel-, Drittel- und Halbschere, nach ihrer Lage in der Leibung die Scheitel- und die Randschere sowie die Joch- und Zwischenjochschere, nach ihrer Richtung zur Achse des Gebäudes die Längs- und die Querschere[1]. - Abb.177-183
chaine de losanges f

[1] Vgl. Schulze, S.22

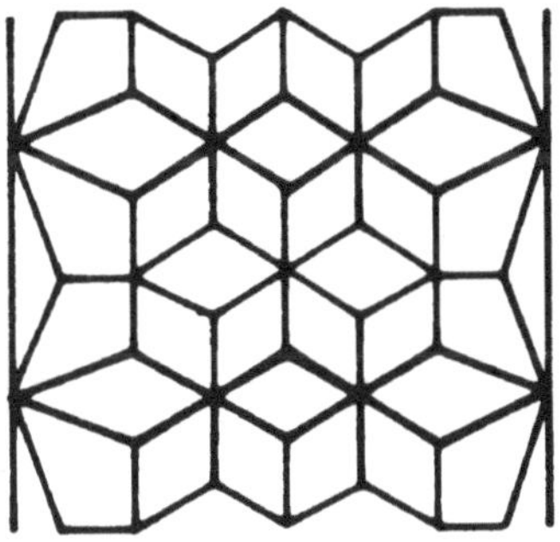

Abb.183
Querschere
losanges transversaux

Abb.179
Jochschere
losanges couvrant une travée

Abb.180
Zwischenjochschere
losanges entre deux travées

Abb.181
Scheitelschere
losanges sommitaux

Abb.182
Randschere
losanges marginaux

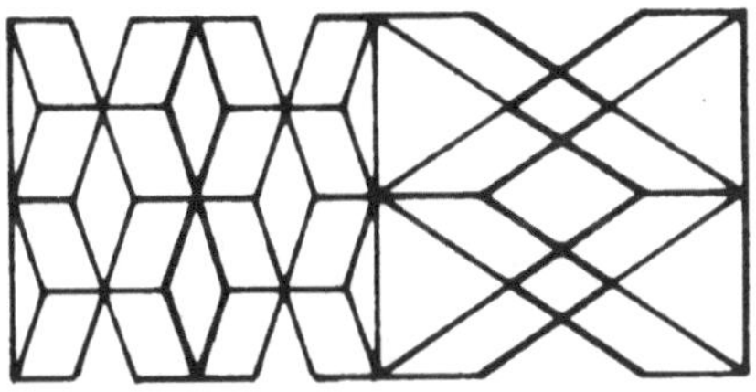

Abb.179 Abb.180

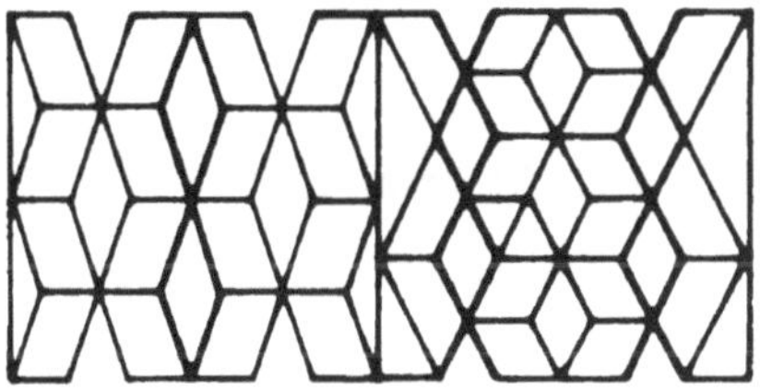

Abb.181 Abb.182

noch Schere

Achtelschere f
huitième de losanges m

Drittelschere f
tiers de losanges m

Halbschere*f - Abb.177
demi-losanges m pl

Jochschere*f - Abb.179
losanges couvrant une travée m pl

Längsschere*f - sic Abb.179-182
losanges longitudinaux m pl

Querschere*f - Abb.183
losanges transversaux m pl

noch Schere

Randschere*f - Abb.182
losanges marginaux m pl

Scheitelschere*f - Abb.181
losanges sommitaux m pl

Viertelschere*f - Abb.178
quart de losanges m

Zwischenjochschere*f - Abb.180
losanges entre deux travées m pl

Schlingrippe*f: geschwungene und mit anderen verflochtene Rippe; → Flechtrippe, → Schwingrippengewölbe, → Zweischichtengewölbe. - sic Abb.65
nervure entrelacée f

Schwingrippe*f, geschwungene Rippe f, schwingende Rippe f, auch Bogenrippe f: kurvig geführte Rippe; → Schwingrippengewölbe, → Schleifensterngewölbe. - Abb.173, Nr.4
nervure curviligne f

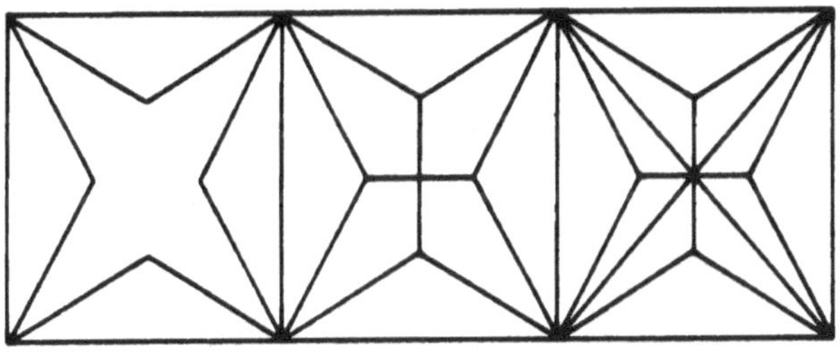

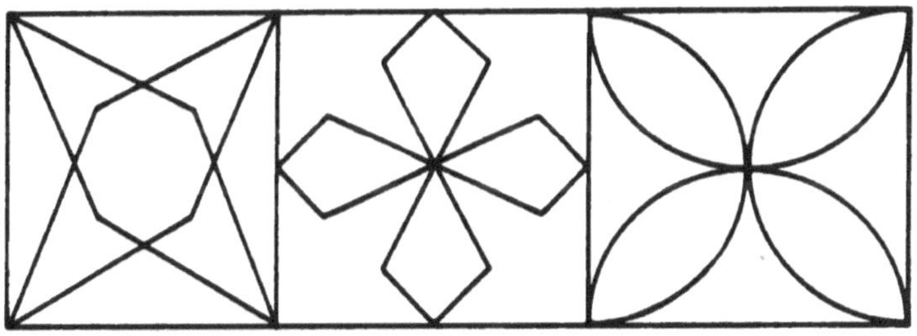

Abb.184 Abb.185 Abb.186 Abb.187 Abb.188 Abb.189

Abb.184
vierzackiger Stern
étoile à quatre rayons

Abb.185
Dreistrahlstern
étoile à tiercerons

Abb.186
Kreuzrippenstern
étoile à ogives

Abb.187
Knickrippenstern
étoile à nervures brisées

Abb.188
Rautenstern
étoile à rhombes

Abb.189
Schleifenstern
étoile curviligne

Stern*m, Rippenstern m: Rippenbild, das die verschiedensten Sternformen zeigt; → Sterngewölbe, → Sternnetzgewölbe. - Abb.184-195
(nervures f pl en) étoile f

Doppelstern*m, doppelter Stern m: Stern, der von einem zweiten Stern überlagert ist. - Abb.190
étoile doublée f

noch Stern

Dreistrahlstern*m: Stern, der aus mehreren → Dreistrahlen gebildet wird. - Abb.185
étoile à tiercerons f

Jochstern*m, Vollstern m: ein Gewölbejoch ausfüllender Stern. - Abb.191
»étoile couvrant une travée« f

Chorhauptstern m
»étoile couvrant la travée du choeur« f

Doppeljochstern m
»étoile couvrant deux travées« f

Zwischenjochstern*m: auf der Trennungslinie zweier Joche angebrachter Stern. - Abb.192
»étoile entre deux travées« f

Knickrippenstern*m: aus mehreren Knickrippen gebildeter Stern. - Abb.187
étoile à nervures brisées f

Kreuzrippenstern*m: Dreistrahlstern mit Kreuzrippen. - Abb.186
étoile à ogives f

Randstern m, Randrippenstern m
»étoile bordant une voûte« f

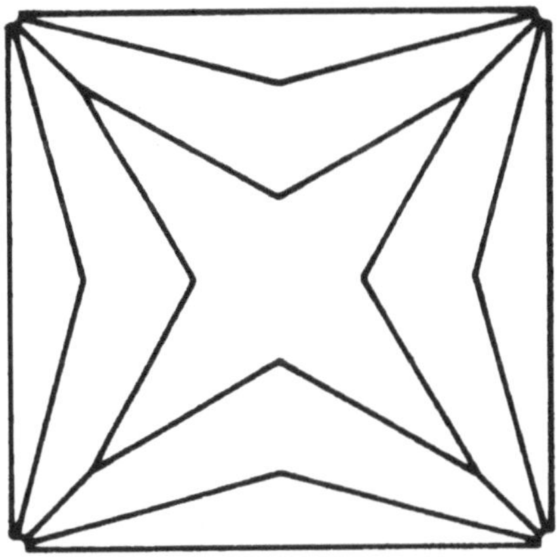

Abb.191
Jochstern
étoile couvrant une travée

Abb.192
Zwischenjochstern
étoile entre deux travées

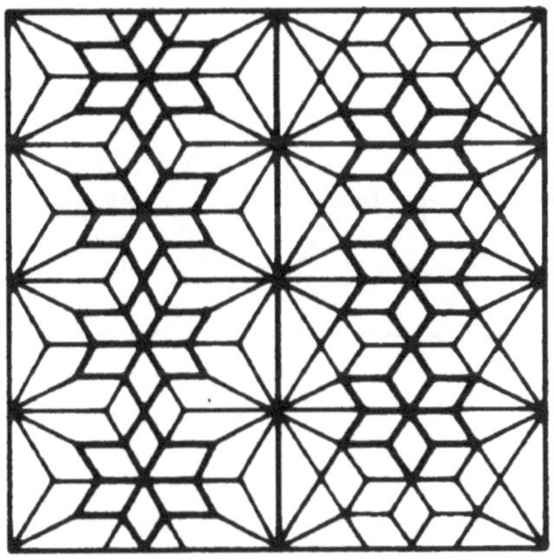

Abb.191 Abb.192

Abb.190
Doppelstern
étoile doublée

noch Stern/Randstern

Halbstern m, halbierter Stern m: meist am Rande eines Gewölbes liegender, unvollständiger Stern.
demi-étoile f

Rautenstern*m: aus Rhomben zusammengesetzter Stern. - Abb.188
étoile à rhombes f

Schleifenstern*m, geschweifter Stern m: aus Kreissegmenten gebildeter Stern; → Schleifensterngewölbe. - Abb.189
étoile curviligne f

Stern, mehrzackiger m, mehrstrahliger ~
étoile à plusieurs rayons f, ~ à rayons multiples

Stern*, vierzackiger m - Abb.184
étoile à quatre rayons f

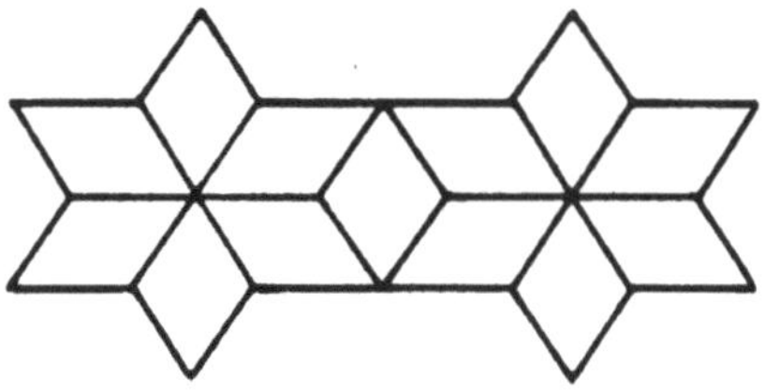

Abb.193
doppelspitz verbundene Sterne
étoiles liées par deux pointes

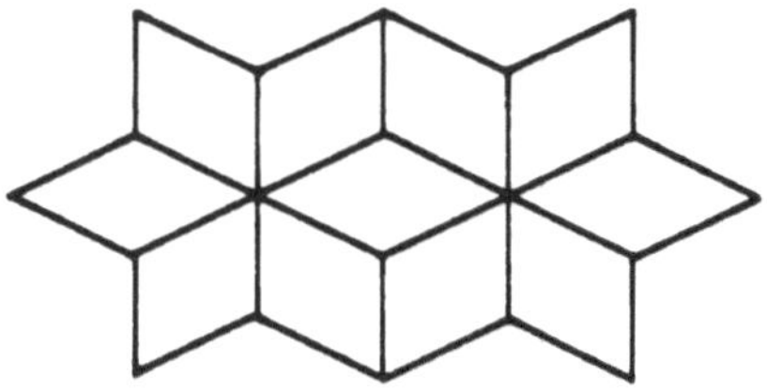

Abb.194
ineinandergehende Sterne
étoiles liées par les bords de deux rayons

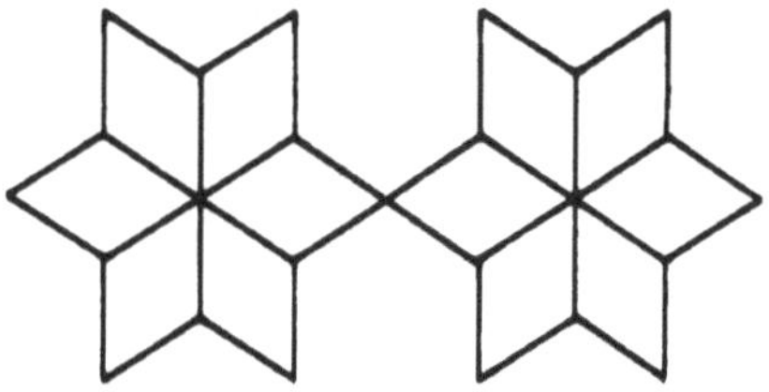

Abb.195
scheitelspitz verbundene Sterne
étoiles liées par une pointe

noch Stern

Sterne*, **verbundene** m pl; → Sternnetzgewölbe. - sic Abb.193-195
étoiles liées f pl

Sterne*, **doppelspitz verbundene** m pl: Sterne, die sich mit zwei Spitzen berühren. - Abb.193
»**étoiles liées par deux pointes**« f pl

Sterne*, **ineinandergehende** m pl: Sterne, bei denen sich die Seiten zweier Zacken berühren. - Abb.194
»**étoiles liées par les bords de deux rayons**« f pl

Sterne*, **scheitelspitz verbundene** m pl: Sterne, die sich mit einer Spitze berühren. - Abb.195
»**étoiles liées par une pointe**« f pl

Stutzrippe*f, **abgebrochene Rippe** f: abgeschnittene, in einem → Rippenstumpf endende Rippe. - Abb.173, Nr.1
nervure tronquée f

Abb.196[1]
Rippen
nervures

1	Scheitelrippe	grande lierne
2	Querrippe	lierne transversale
	Nebenrippe	nervure secondaire
3	Schildrippe	nervure de formeret
4	Transversalrippe	nervure transversale
	Mittelrippe	nervure médiane
5	Zweigrippe	lierne secondaire
6	Rippenscheibe	disque d'ornement
7	Scheidbogenrippe	nervure de grand-arc
8	Schlußstein	clef
9	Kreuzrippe	ogive
10	Gurtrippe	doubleau en nervure

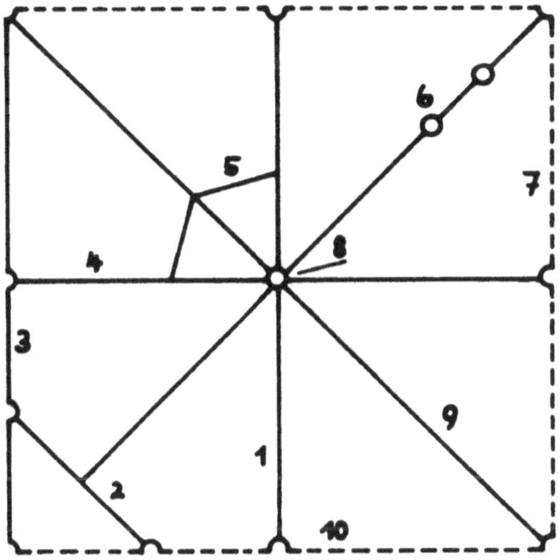

8c. Rippenarten[2]
Types de nervures

Blendrippe f: blinde, der Gewölbefläche vor- oder untergeblendete Rippe; → Scheinrippe.
nervure aveugle f

Gratrippe f: am Grat eines Gewölbes eingespannte Rippe.
nervure arêtiere f, auch ~ formant arête

[1] vgl. auch Abb.172

[2] Benennungen nach Lage, Konstruktionsart und Material

Gurtrippe*f (1), auch Gurtbogenrippe f: einem Gurtbogen hinzugefügte Rippe; zu unterscheiden von der Gurtrippe = Bandrippe.
nervure de doubleau f

Gurtrippe f (2): Gurtbogen in Form einer Rippe; → Transversalrippe. - Abb.196, Nr.10
doubleau en nervure m

Hauptrippe f: eine der wesentlichen tragenden Rippen, z.B. die Gurt-, Schild- und Kreuzrippe; → Nebenrippe.
nervure principale f

Holzrippe f
nervure en bois f

Kehlrippe f, auch Winkelrippe f: an einer Kehle eingefügte Rippe; zu unterscheiden von der ausgekehlten Rippe.
nervure cornière f

Langrippe f: in der Achsrichtung des Gebäudes verlaufende Rippe; z.B. die Scheitel- und die Scheidbogenrippe.
nervure longitudinale f

Mittelrippe*f: in der Mitte eines Rippenbildes verlaufende Rippe, z.B. auch die Transversalrippe im sechskappigen Gewölbe; → Transversalrippe, → Scheitelrippe. - Abb.196, Nr.4
nervure médiane f, ogive médiane f

Nebenrippe*f: das Rippenwerk ergänzende Rippe mit geringer konstruktiver Funktion, z.B. die Zweig- und Querrippe; → Hauptrippe. - Abb.196, Nr.2
nervure secondaire f, lierne f

Querrippe*f, auch Gegenrippe f: Rippe, welche die Weiterführung einer anderen Rippe des Gewölbefeldes durch ihre Querstellung abschneidet; → Transversalrippe. - Abb.196, Nr.2
lierne transversale f, auch contre-lierne f

Randrippe f, auch rahmende Rippe f, Ortrippe f: am Rand eines Gewölbes liegende Rippe, z.B. an einem Randbogen oder in der Widerlagsmauer.
nervure d'encadrement f, ~ bordant une voûte, ~ marginale

Rippe, tragende f
nervure portante f

Scheidbogenrippe*f: an einem → Scheidbogen (GlA 3) angebrachte Rippe; → Langrippe. - Abb.196, Nr.7
nervure de grand-arc f

Scheinrippe f, Pseudorippe f: eine Rippe vortäuschender Dekor, z.B. eine Stuck- oder Tonrippe; → Blendrippe, → Zierrippe.
nervure simulée f, ~ feinte, pseudo-nervure f

Scheitelrippe*f, auch Firstrippe f: entlang der Scheitellinie eines Gewölbes verlaufende Rippe; → Langrippe, → Transversalrippe, → Mittelrippe, → Scheitelrippengewölbe. - Abb.196, Nr.1
grande lierne f, nervure sommitale f, nervure faîtière f

Scheitelrippe, durchlaufende f
grande lierne continue f

Scheitelringrippe*f: an einem → Scheitelring oder → Lichtring entlang verlaufende Rippe. - sic Abb.137
nervure d'une clef annulaire f

Schildrippe*f, Schildbogenrippe f: Wandrippe am → Schildbogen (GlA 3). - Abb.196, Nr.3
nervure de formeret f

Schwibbogenrippe f: auf einem → Schwibbogen (GlA 3) ruhende Rippe, z.B. die Transversalrippe im normannischen Gewölbe.
nervure-diaphragme f

Steinrippe f
nervure en pierre f

Stirnrippe f: an einem → Stirnbogen (G1A, Faszikel 3) angebrachte Rippe.
nervure d'arc de départ f

Stuckrippe f
nervure en stuc f

Tonrippe f
nervure en terre cuite f

Transversalrippe*f: quer zur Längsachse des Bauwerkes verlaufende Rippe; → Querrippe, → Mittelrippe. - Abb.196, Nr.4
nervure transversale f, ~ médiane

<u>Verbindungsrippe</u>*f, auch <u>Kopplungsrippe</u> f: eine Rippe, welche getrennte Rippenbilder verbindet und welche, im Unterschied zur Zweigrippe, auch vom Schlußstein oder Kämpfer ausgehen kann. - Abb.173, Nr.12
<u>(grande) lierne</u> f

<u>Verstärkungsrippe</u> f, <u>Aussteifungsrippe</u> f
<u>nervure rigide</u> f, <u>~ de renfort</u>

<u>Wandrippe</u> f: an einer Wand verlaufende, gegebenenfalls in sie einbindende Rippe; → Schildrippe.
<u>nervure de mur</u> f, <u>~ d'arc engagé</u>

<u>Zierrippe</u> f: dekorative Rippe ohne tragende Funktion; → Scheinrippe, → Blendrippe, → Zierrippengewölbe.
<u>nervure décorative</u> f

<u>Zweigrippe</u>*f, <u>Zwischenrippe</u> f, <u>Nebenrippe</u> f: eine das Rippenbild ergänzende Rippe, die im allgemeinen weder vom Schlußstein noch von einem Kämpfer ausgeht; → Verbindungsrippe. - Abb.196, Nr.5
<u>lierne secondaire</u> f

8d. <u>Teile und Merkmale</u>
<u>Parties et éléments caractéristiques</u>

<u>abrippen</u>, <u>berippen</u>: auf einem Gewölbe Rippen anbringen.
<u>nervurer</u>, <u>orner de nervures</u>

<u>gerippt</u>, <u>berippt</u>
<u>nervuré</u>, <u>à nervures</u>

Abb.197
Kreuzungsstein
pierre d'intersection

Kreuzungsstein*m, Rippenkreuzungsstein m: Formstein einer Rippenkreuzung. - Abb.197
pierre d'intersection (de nervures) f, auch clef d'intersection (de nervures f

Reihungen f pl, Rippenreihungen f pl: ältere Bezeichnung für eine Folge von Rippenbildern.
suite de nervures décoratives f

Reihungen*, gewundene f pl: Folge von Rippenbildern mit geschwungenen Rippen. - sic Abb.64 und 65
suite de nervures curvilignes f

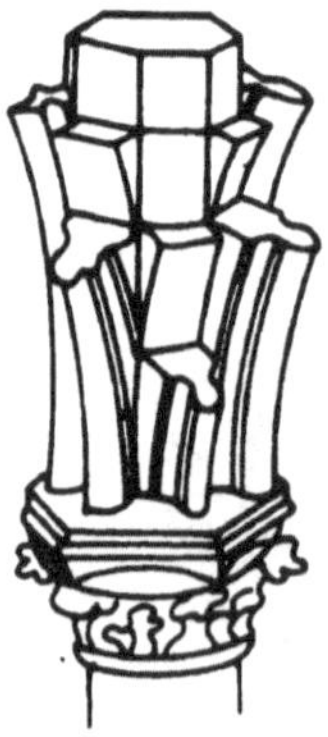

Abb.198
Rippenanfänger
sommier de nervures

Rippenanfänger*m - Abb.198
sommier de nervures m

Rippenbild n: durch besondere Rippenanordnung ausgebildete dekorative Form, z.B. ein geometrisches oder vegetabilisches Muster.
figure décorative de nervures f

Rippenfügung f, Rippenführung f
disposition de nervures f

Rippenring m: an einer Rippe angebrachte ringförmige Zier; → Ringrippe.
bague de nervure f

Rippenscheibe*f, Zierscheibe f, Rippenzierscheibe f: auf einer Gewölberippe angebrachter, runder Zierstein. - Abb.196, Nr.6
disque d'ornement (de nervure) m

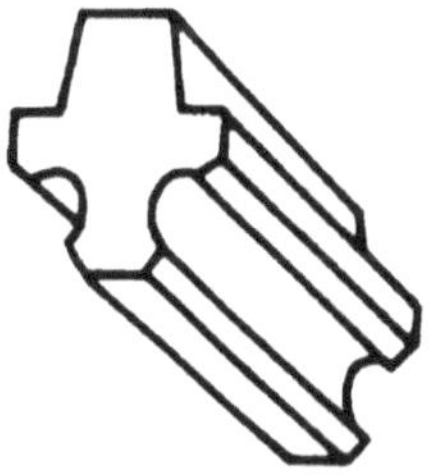

Abb.199
Rippenstein
pierre de nervure

Rippenstein*m: der einzelne profilierte Stein, aus dem eine Rippe besteht. - Abb.199
pierre de nervure f

Rippenstumpf*m: kurzes Rippenstück, das wie abgeschnitten wirkt; → Stutzrippe. - Abb.173, Nr.2
tronçon de nervure m

Rippenstumpfkreuz*n: bei der Durchdringung zweier → Stutzrippen entstehende kreuzförmige Rippenfügung. - Abb.173, Nr.2
croix de tronçons de nervures f, ~ de nervures tronquées

Rippenwerk n, Rippensystem n, auch Gerippe n
ensemble de nervures m, système de nervures m, squelette de nervures m

LITERATURVERZEICHNIS
BIBLIOGRAPHIE

1. Handbücher, Monographien und Aufsätze
Manuels, monographies et articles

Acland, James H.: Medieval structure. The gothic vault. Toronto 1972.

Alker, Hermann Reinhard: Michelangelo und seine Kuppel von St. Peter in Rom. Karlsruhe 1968.

Andrae, Walter: Das Gotteshaus und die Urformen des Bauens im Alten Orient. Berlin 1930.

Aubert, Marcel: Les plus anciennes croisées d'ogives, leur rôle dans la construction. In: Bull. mon. 43 (1934) S.5-67 u. 137-237.

Badr, J.: Vom Gewölbe zum räumlichen Tragwerk. Zürich 1962. Diss. Eidgen. Techn. Hochsch.

Baltrušajtis, Jurgis: Le problème de l'ogive et l'Arménie. Paris 1936.

Beissel, Stephan: Verzierung spätgotischer Gewölbe. In: Z.f. christl. Kunst, 2 (1899) Sp.247-265.

Berthelé, Joseph: L'architecture Plantagenet. In: Congrès archéologique de France, Paris,70 (1904) S.234-275.

Bettini, Sergio: Tra Oriente e Occidente, origine della crociera di ogive. In: Quaderni dell'Jstituto di storia dell'architettura in onore di Vincenzo Fasolo, Roma 6/8 (1961) S.83-92.

Bialostocki, Jan: Spätmittelalter und beginnende Neuzeit. Berlin 1972 = Propyläen-Kunstgeschichte.7.

Biedermann, G.: Eine Variante der deutschen Sondergotik. Studie zu den Rippenfigurationen B.Firthalers. In: Carinthia 1 (1972) S.95-113.

Bilson, John: The beginning of gothic architecture: I. review of recent discussion. II. norman vaulting in England. In: Journal of the Royal Institute of British Architects. London, 3rd ser., VI (1899) S.259-268 u. 289-319.

Blanchard, Edmé: Traité de la coupe des bois pour le revêtement des voûtes, arrières-voûtes, trompes, rampes et tours rondes. Paris 1729.

Böhm, F.: Schalung und Rüstung. 5.Aufl. München 1973.

Booz, Paul: Der Baumeister der Gotik. München 1956.=Kunstwiss. Studien 27.

Brunel, C.: L'Origine du mot ogive. In: Romania, 21 (1960) S.289-295.

Bucher, F.: The Dresden sketchbook of vault projection. In: Actes du 22e Congrès international d'Histoire de l'Art, Budapest 1969. Budapest 1972. S.527-537.

Choisy, Auguste: L'art de bâtir chez les Byzantins. 2 Bde. Paris 1883.

- - - : L'art de bâtir chez les Romains. Paris 1873. Nachdr. Bologna 1969.

- - - : Histoire de l'architecture. 2 Bde. Paris 1898-1899. Neuausg.1904.

Clasen, Karl Heinz: Deutsche Gewölbe der Spätgotik. 2. Aufl. Berlin 1961.

Clasen, Karl Heinz: Deutschlands Anteil am Gewölbebau der Spätgotik. In: Z. des Deutschen Vereins f. Kunstwissenschaft 4 (1937) S.163-185.

Colasanti, Arduiono: Volte e soffitti italiani. Milano 1923.

Creswell, Keppel Archibald Cameron: A short account of early muslim architecture. London 1958.

- - - : L'architettura islamica delle origini. Milano 1966.

Dehio, Georg: Geschichte der deutschen Kunst. 2 Text- und Tafelbde. 2. Aufl. Berlin 1921-1923.

Dehio, Georg; Bezold, Gustav von: Die kirchliche Baukunst des Abendlandes. 2 Textbde., 8 Tafelbde. Stuttgart 1892-1901.

Dejardin: Routine de l'établissements des voûtes. 2. Aufl. Paris 1865.

Derand, François: L'architecture des voûtes... Paris 1643.

Dümler, Herbert; Oehme, Friedrich: Gewölbe. Berlin 1950. = Baufibel für das Maurerhandwerk. 6.

Ebersolt, Jean: Monuments de l'architecture byzantine. Paris 1934. = Histoire de l'art byzantin. 2.

Enlart, Camille: Manuel d'archéologie française depuis les temps mérovingiens jusqu'à la Renaissance. Bd.1, Tl. 1 u. 2, Paris 1916-1919. Bd.2, Tl. 1 u. 2, 2. Aufl. Paris 1929-1932.

Fillitz, Hermann: Das Mittelalter I. Berlin 1969. = Propyläen-Kunstgeschichte. 5.

Fink, Josef: Die Kuppel über dem Viereck. Ursprung und Gestalt. Freiburg i.Br. 1958.

Fitchen, John: The construction of gothic cathedrals. A study of medieval vault erection. Oxford 1961. - Mit reichhaltiger Bibliographie.

Frankfort, Henry: The art and architecture of the ancient Orient. Harmondsworth 1954. = Pelican history of art.

Frankl, Paul: Baukunst des Mittelalters. Frühmittelalterliche und romanische Baukunst. Berlin 1926. = Handbuch der Kunstwissenschaft. 12.

- - - : Gothic architecture. Harmondsworth 1962. = Pelican history of art.

Frézier, Amédée François: La théorie et la pratique de la coupe des pierres et des bois pour la construction des voûtes et autres parties... ou traité de stéréotomie à l'usage de l'architecture. 3 Bde. Paris, Strasbourg 1737-1739.

Gall, Ernst: Die gotische Baukunst in Frankreich und Deutschland. 2. erg. Aufl. Tl.1 Braunschweig 1955. = Handbücher der Kunstgesch.

Gerstenberg, Kurt: Deutsche Sondergotik. Eine Untersuchung über das Wesen der deutschen Baukunst im späten Mittelalter. München 1913.

Giedion, Sigfried: Raum, Zeit, Architektur; die Entstehung einer neuen Tradition. München 1965.

Giovannoni, Gustavo: La tecnica delle costruzioni romane a volta. Roma 1930.

Glück, Heinrich: Die Bäder Konstantinopels. Wien 1921. = Probleme des Wölbungsbaues. 1.

- - - : Der Ursprung des römischen und abendländischen Wölbungsbaues. Wien 1933. = Probleme des Wölbungsbaues. 2.

Grabar, André: L'art byzantin du moyen-âge. Paris 1963. (Die byzantinische Kunst des Mittelalters; vom 8. bis 15.Jh. Baden-Baden 1964. = Kunst der Welt. 17.).

Grodecki, Louis: L'architecture ottonienne. Paris 1958.

Groß, Werner: Die abendländische Architektur um 1300. Stuttgart 1948.

Haase, Max: Der Gewölbebau. Halle 1900.

Hahnloser, Hans Robert: Villard de Honnecourt. Kritische Gesamtausg. d. Bauhüttenbuches. 2. erw. Aufl. Wien 1972.

Hart, Franz: Baukonstruktion für Architekten. Stuttgart 1951.

- - - : Architektur und Ingenieurbau. = Abhandlungen und Berichte des Deutschen Museums. München 1961.

- - - : Kunst und Technik der Wölbung. München 1966. - Mit Literaturverzeichnis.

Hautecoeur, Louis; Wiet, G.: Les mosquées du Caire. Paris 1932.

Hautecoeur, Louis: L'architecture française de la Renaissance à nos jours. Paris 1941.

- - - : Histoire de l'architecture classique en France. 7 Bde. Paris 1943-1957.

Hautecoeur, Louis: Mystique et architecture; symbolisme du cercle et de la coupole. Paris 1954.

Hauttmann, Max: Geschichte der kirchlichen Baukunst in Bayern, Schwaben und Franken 1550-1780. München 1923.

- - - : Die Kunst des frühen Mittelalters. Berlin 1929. = Propyläen-Kunstgeschichte. 6.

Héliot, Pierre: Les voûtes d'arêtes et les coupoles dans l'architecture romane. In: Bull. de la Société nationale des antiquaires de France. Paris 1960. S.148-150.

Heß, Friedrich: Steinverbände und Gewölbebau. München 1948.

- - - : Konstruktion und Form im Bauen. 3.Aufl. Stuttgart 1949.

Hind, Edward William: Practical stone-cutting and drafting, cylindrical vaulting. Winchedon/Massachusets 1923.

Hoffstadt, Friedrich: Gothisches A.B.C. Buch; das ist Grundregeln des gothischen Styls für Künstler und Werkleute. Frankfurt 1840-1845.

Jantzen, Hans: Kunst der Gotik. Klassische Kathedralen Frankreichs. Hamburg 1957.

Joedicke, Jürgen: Schalenbau. Stuttgart 1962. = Dokumente der modernen Architektur. 2.

Kaufmann, Georg: Die Kunst des 16.Jahrhunderts. Berlin 1970. = Propyläen-Kunstgeschichte. 8.

Koemstedt, Rudolf: Die Entwicklung des Gewölbebaues in den mittelalterlichen Kirchen Westfalens. Straßburg 1914. = Studien zur deutschen Kunstgeschichte. 172.

Koepf, Hans: Armenische Architektur. Wien 1969.

Körner, Carl: Gewölbe. In: Handbuch der Architektur, Darmstadt 1883, Tl.III, Bd.2, H.3.

Kraus, Theodor: Das römische Weltreich. Berlin 1967. = Propyläen-Kunstgeschichte. 2.

Krautheimer, Richard: Early christian and byzantine architecture. Harmondsworth 1965. = Pelican History of Art.

Langlotz, Ernst: Zur Entstehung der Pendentifkuppel. In: Festschrift für Carl Weickert, Berlin 1955. S.35-40.

Lasteyrie, Robert de: L'architecture en France à l'époque romane. Paris 1911. 2. rev. Ausg. hrsg. von Marcel Aubert. Paris 1929. - Mit Bibliographie.

- - - : L'architecture religieuse en France à l'époque gothiquo. Hrsg. von Marcel Aubert. 2 Bde. Paris 1926-1977.

Lefèvre-Pontalis, Eugène: Etudes sur les ogives toriques à filet saillant. In: Bull. mon. 73 (1909) S.295-310.

Lieb, Norbert: Die Vorarlberger Barockbaumeister. 2.Aufl. München 1967.

Macku, Anton: Um eine Normung der Zeichnung von Gewölbegrundrissen. In: Alte und Neue Kunst 1 (1952) S.121-151.

Meckel, Carl Anton: Die Konstruktion der figurierten Gewölbe in der deutschen Spätgotik. In: Architectura, Jahrbuch für Geschichte der Baukunst 1 (1933) S.107-114.

Meyer, Werner: Dome und Kirchen in Bayern. Frankfurt 1963.

Michel-Dansac, R.: Simples remarques à propos de l'emploi des coupoles sur la nef dans le sud-ouest aquitain. In: Congrès archéologique de France 79 (1913) Tl.2. S.164-179.

Moisy, Pierre: Les églises des Jésuites de l'ancienne Assistance de France. 2 Bde. Rome 1958.

Müller, Werner: Die Lehrbogenkonstruktion in den Proberissen der Augsburger Maurermeister aus den Jahren 1553-1723 und die gleichzeitige französische Theorie. In: Architectura, 1972. S.17-33.

- - - : Zum Problem des technologischen Stilvergleichs im deutschen Gewölbebau der Spätgotik. In: Architectura, 1973. S.1-12.

Mussat, André: Le style gothique de l'ouest de la France. Paris 1963.

Nitschke, W.: Stern- und Netzfigurationen und ihre Entwicklung in der Mark Brandenburg von 1350 bis Ende des 16.Jahrhunderts. Berlin 1957. Diplomarbeit.

Ögel, Semra: Der Kuppelraum in der türkischen Architektur. Istanbul 1972.

Oettinger, Karl: Laube, Garten und Wald. Zu einer Theorie der süddeutschen Sakralkunst. In: Festschrift f. Hans Sedlmayr. München 1962. S.201-228.

Pape, Uwe: Die Organisation der Kreuzgewölbe. Braunschweig 1961.

Porter, Kingsley A.: The construction of lombard and gothic vaults. New Haven 1911.

Rave, Wilhelm: Über die Statik mittelalterlicher Gewölbe. In: Deutsche Kunst- und Denkmalpflege, Wien 40 (1939) S.192-198.

- - - : Trompen und Zwickel. In: Festschrift für Hans Jantzen. Berlin 1951. S.97-103.

- - - : Das Domikalgewölbe. In: Deutsche Kunst- und Denkmalpflege, München N.Jg. 5 (1955) S.33-43.

Reuther, Hans: Die Wölbformen im mainfränkischen Sakralbau von 1660 bis um 1720. In: Z. f. Kunstgeschichte 18 (1955) S.40-60.

- - - : Das Platzlgewölbe der Barockzeit. In: Deutsche Kunst- und Denkmalpflege. N.Jg.5 (1955) S.121-140.

- - - : Der Gewölbebau des Islam in Ägypten. In: Dietrich Brandenburg: Islamische Baukunst in Ägypten. Berlin 1966. S.72-82.

- - - : Die Gewölbesysteme von Banz und Vierzehnheiligen. Ihre Konstruktion und Formgebung. In: Bonner Jahrbücher 164, Kevelaer (1964) S.169-180.

- - - : Die Lehmziegelwölbungen in Gol-i Safed. Versuch einer Typologie. In: Archäologische Mitteilungen aus Iran, N.F.6 (1973) S.253-263.

Rey, Raymond: La cathédrale de Cahors et les origines de l'architecture à coupoles d'Aquitaine. Cahors 1925.

Rice, David Talbot: Byzantine Art. London 1954 (Byzantinische Kunst. München 1964).

- - - : Art of the byzantine era. New York 1963 (Die Kunst im byzantinischen Zeitalter. München 1968).

Robertson, Donald Truman: A handbook of greek and roman architecture. 2. Aufl. Cambridge 1954.

Rohlfs, Gerhard: Primitive Kuppelbauten in Europa. München 1957.

Roosval, Johnny: Die Kirchen Gotlands. Leipzig 1911.

Rosintal, J.: Pendentifs, Trompen und Stalaktiten. Beiträge zur Kenntnis der islamischen Architektur. Weimar 1912 (Pendentifs, trompes et stalactites. Paris 1928).

Rumpler-Schlachter, Marguerite: Le triomphe de la coupole dans l'architecture byzantine. Strasbourg 1947.

- - - : La coupole dans l'architecture byzantine et musulmane. Strasbourg 1956. = Collection des Cahiers techniques de l'art. 1.

Rupp, Erwin: Bautechnik im Altertum. Simbach am Jnn 1964.

Sabouret, Victor: L'évolution de la voûte romane du milieu du 11e au début du 12e siècle. Paris 1934.

Sachse, Hans-Joachim: Die barocken Dachwerks- und Gewölbekonstruktionen der Abteikirche zu Neresheim unter Berücksichtigung der im 19. Jahrhundert durchgeführten konstruktiven Veränderungen. Berlin 1966. - Diss. Techn. Univ.

Sanchez-Arcas, Manuel: Form und Bauweise der Schalen. Berlin 1961. = Schriften d. Institutes f. Theorie und Geschichte der Baukunst.

Schulze, Konrad Werner: Die Gewölbesysteme im spätgotischen Kirchenbau in Schwaben 1450-1520. Reutlingen 1940. = Tübinger Forschungen zur Archäologie und Kunstgeschichte. 16.

Sedlmayr, Hans: Die Entstehung der Kathedrale. Zürich 1950.

Segger, Jürgen: Zur Statik gotischer Kathedralen. Dargestellt am Kölner Dom und statisch verwandten Kathedralen. Aachen 1969. - Diss. Techn. Hochsch.

Serlio, Sebastiano: Il terzo libro d'architettura di Sebastiano Serlio. Bolognese 1551.

Simson, Otto von: The gothic cathedral. New York 1956. = Bollingen Series. 48.

- - - : Das hohe Mittelalter. = Propyläen-Kunstgeschichte. 6.

Smith, Earl Baldwin: The dome. A study in the history of ideas. Princeton 1950. = Monographs in art and archeology. 25.

Sourdel-Thomine, Janine; Spuler, Bertold: Die Kunst des Jslams. Berlin 1973. = Propyläen-Kunstgeschichte. 4.

Strack, Heinrich: Central- und Kuppelkirchen der Renaissance in Italien. Berlin 1882.

Swida, Waldemar: Statik der Bogen und Gewölbe. Karlsruhe 1947.

Thümmler, Hans: Die Anfänge der monumentalen Gewölbebaukunst in Deutschland und der besondere Anteil Westfalens. In: Westfalen 29 (1951) S.154-171.

Thunissen, Jr. H.J.W.: Gewelven, hun constructie en toepassing in de historische en hedendaagse bowkunst. Amsterdam 1950. - Mit Bibliographie.

Ungewitter, G.G.: Lehrbuch der gotischen Konstruktionen. 4.Aufl. Leipzig 1903.

Vicaire, P.: Note sur l'ogive "primitive" de St. Eutrope de Saintes. In: Bull. mon. 98 (1939) S.321-327.

Viollet-le-Duc, Eugène: Entretiens sur l'architecture. Paris 1863-1872.

Vogt-Göknil, Ulya: Türkische Moscheen. Zürich 1953.

Volbach, Wolfgang Fritz; Lafontaine-Dosogne, Jacqueline: Byzanz und der christliche Osten. Berlin 1968. = Propyläen-Kunstgeschichte. 3.

Volwahsen, Andreas; Henn, W.: Indien. München 1968. - Mit Glossar.

Ward, Clarence: Medieval church vaulting. Princeton 1915.

Weber, Helmut: Das wechselseitige Verhältnis von Konstruktion und Formung an den Kathedralen Nordfrankreichs. Hannover 1957. - Diss. Techn. Hochsch.

Willis, Robert: On the construction of the vaults of the middle-ages. In: Transactions of the Royal Institute of British Architects 1 (1842) S.1-69.

Wittkower, Rudolf: Art and architecture in Jtaly, 1600-1750. Harmondsworth 1958. = Pelican history of art.

- - - : La cupola di San Pietro di Michelangelo. Firenze 1964.

2. Nachschlagewerke
   Dictionnaires

Adeline, Jules: Lexique des termes d'art. 2.Aufl. Paris 1927.

Architecture. Méthode et vocabulaire. 1 Textbd., 1 Tafelbd. Paris 1972. = Inventaire général des monuments et des richesses artistiques de la France. Principes d'analyse scientifique. - Mit Bibliographie und sprachkritischem Index.

Aviler, Charles-Augustin d': Cours d'architecture... avec une ample explication par ordre alphabétique de tous les termes. 2 Bde. Paris 1691.

Barbier, Maurice; Cadiergues, Roger; Stoskopf, Gustave: Dictionnaire technique du bâtiment et des travaux publics. 2.Aufl. Paris 1964.

Bautechnik. Hrsg. von Nikola Dimitrov u. Otto Henninger. 7 Bde. Reinbek 1972. = Lueger, Lexikon der Technik.

Bogen und Arkaden - Arcs et arcades. Tübingen, Strasbourg 1973. = Glossarium Artis. 3.

Bosc, Ernest: Dictionnaire raisonné d'architecture et des arts qui s'y rattachent. 4 Bde. Paris 1877-1880.

Brutails, Jean Auguste: Précis d'archéologie du moyen âge. 3.Aufl. Toulouse 1935. - Mit Glossar.

Chabat, Pierre: Dictionnaire des termes employés dans la construction. Paris 1875. Erg.Bd. 1878.

Dictionnaire des églises de France, Belgique, Luxembourg, Suisse. 5 Bde. Paris 1966-1971. - Bd. 1 Histoire générale des églises de France. - Mit Glossar.

Dizionario enciclopedico di architettura e urbanistica. Hrsg. von Paolo Portoghesi. 6 Bde. Roma 1968-69. = Collana di dizionarii enciclopedici di cultura artistica.

Encyclopedia of World Art. 15 Bde. New York 1968.

Ernst, Richard: Wörterbuch der industriellen Technik einschließlich Hilfswissenschaften und Bauwesen. Bd.3 dt.frz. 8.Aufl. Wiesbaden 1965. Bd.4 frz.dt. 11.Aufl. Wiesbaden 1968.

Frommhold, Hanns: Begriffe und Begriffsbestimmungen aus dem Bauwesen. Hrsg. vom Deutschen Normenausschuß. Berlin 1963.

- - - : Bauwörterbuch. Begriffsbestimmungen aus dem Bauwesen. Düsseldorf 1967.

Glossaire de termes techniques. Zodiaque. La Pierre-qui-Vire/Yonne 1965. = Jntroduction à la nuit des temps. 1.

Glossarium Artis: siehe Bogen und Arkaden.

Graf, Otto; Huber, Walther; Krauth, Theodor: Das kleine Lexikon der Bautechnik. Stuttgart 1956.

Guédi, Henri: Dictionnaire d'architecture... Paris 1902.

Haslinghuis, Edward Johannes: Bowkundige Termen. Utrecht 1953.

Koepf, Hans: Bildwörterbuch der Architektur. Stuttgart 1968.

Mothes, Oscar: Jllustriertes Baulexikon. 4 Bde. Leipzig 1874-1877.

Pevsner, Nikolaus; Fleming, John; Honour, Hugh: Penguin Dictionary of Architecture. Harmondsworth 1966 (Lexikon der Weltarchitektur. München 1971).

Planat, Paul: Encyclopédie de l'architecture et de la construction... 6 Bde. Paris 1888-1892.

Quak, Karl: DIN-Begriffslexikon. Benennungen und Definitionen aus den deutschen Normen. Hrsg. vom Deutschen Normenausschuß. Berlin 1961.

Realenzyklopädie der klassischen Altertumswissenschaft. Hrsg. von August Pauly. Neue Bearbeitung von G. Wissowa u. W.Kroll. Bd.1 ff. Stuttgart 1894 ff.

Reallexikon für Antike und Christentum. Hrsg. von Theodor Klauser. Stuttgart 1950 ff.

Reallexikon zur byzantinischen Kunst. Hrsg. von Kurt Wessel. Stuttgart 1963 ff.

Reallexikon zur deutschen Kunstgeschichte. Begonnen von Otto Schmitt. Hrsg. vom Zentralinstitut für Kunstgeschichte. Stuttgart 1937 ff.

Réau, Louis: Dictionnaire illustré d'art et d'archéologie. Paris 1930.

- - - : Dictionnaire polyglotte des termes d'art et d'archéologie. Paris 1953.

Robert, Paul: Dictionnaire alphabétique et analogique de la langue française. 6 Bde. Paris 1969. Erg.Bd. 1970.

Sturgis, Russel: A dictionary of architecture and building. New York 1901-1902.

Viollet-le-Duc, Eugène: Dictionnaire raisonné de l'architecture française du XIe au XVIe siècle. 10 Bde. Paris 1854-1868.

Vocabulaire d'architecture: siehe Architecture.

Wasmuths Lexikon der Baukunst. Hrsg. von Günther Wasmuth. 4 Bde. Berlin 1929-1932. Erg.Bd. 1937.

DEUTSCHER INDEX

INDEX DES TERMES ALLEMANDS

FRANZÖSISCHER INDEX

INDEX DES TERMES FRANCAIS

GLOSSARIUM ARTIS

Vor diesem Faszikel sind erschienen:

1. Der Wehrbau

   L'Architecture militaire

2. Liturgische Geräte, Kreuze und Reliquiare der christlichen Kirchen

   Objets liturgiques, croix et reliquaires des églises chrétiennes

3. Bogen und Arkaden

   Arcs et arcades

4. Paramente und Bücher der christlichen Kirchen

   Parements liturgiques et livres des églises chrétiennes

5. Treppen und Rampen

   Escaliers et rampes

FSC
www.fsc.org
MIX
Papier | Fördert
gute Waldnutzung
FSC® C083411

Kolibri 360 GmbH
Ferdinand-Jühlke-Straße 7
99095 Erfurt, Deutschland
produktsicherheit@kolibri360.de